U0157342

基于**大数据**的降雨入渗补给模型研究

主 编　张　静

副主编　梁　越　万　宇　郭　航　汪　魁

中国水利水电出版社
www.waterpub.com.cn
·北京·

内 容 提 要

本书集成其他学者在林冠截留、积雪融雪、降雨入渗、地表径流、蒸腾蒸发及补给等方面的研究成果，构建基于降雨入渗过程的地下水补给模型。

书中主要内容包括：通过收集、筛选、处理地下水补给模拟过程涉及的大数据建立空间数据库，构建数据驱动模型；本书将其他学者在林冠截留、积雪融雪、入渗、径流、蒸腾蒸发及补给等方面的研究成果集成在一起，形成一个多功能模块，不仅可以获得地下水补给强度的时空分布，还可以输出蒸腾蒸发、气温、降雨、土壤植被等参数的空间分布；采用美国地质调查局（USGS）的地下水补给强度研究成果和衰退曲线位移法在不同流域尺度和月时间尺度上，率定降雨入渗补给物理过程模型参数；以美国密歇根州43年气象资料为基础，外推未来30年的气温与降雨量，模拟美国密歇根州70年来的地下水补给强度变化，研究全球变暖情况下对美国密歇根州下半岛地下水补给变化的影响。

本书是一本较为系统和实用的有关地下水补给强度研究方法的学术著作，可作为地下水资源与工程、水文与水资源、环境科学与工程学科的研究生及科研工作者参考资料。

图书在版编目（CIP）数据

基于大数据的降雨入渗补给模型研究 / 张静主编
. -- 北京 ： 中国水利水电出版社，2023.11
ISBN 978-7-5226-1988-0

Ⅰ. ①基… Ⅱ. ①张… Ⅲ. ①降雨—下渗—研究
Ⅳ. ①P33

中国国家版本馆CIP数据核字(2023)第251945号

书　　名	基于大数据的降雨入渗补给模型研究 JIYU DASHUJU DE JIANGYU RUSHEN BUJI MOXING YANJIU
作　　者	主　编　张　静 副主编　梁　越　万　宇　郭　航　汪　魁
出版发行	中国水利水电出版社 （北京市海淀区玉渊潭南路1号D座　100038） 网址：www.waterpub.com.cn E-mail：sales@mwr.gov.cn 电话：（010）68545888（营销中心）
经　　售	北京科水图书销售有限公司 电话：（010）68545874、63202643 全国各地新华书店和相关出版物销售网点
排　　版	中国水利水电出版社微机排版中心
印　　刷	清淞永业（天津）印刷有限公司
规　　格	184mm×260mm　16开本　9印张　219千字
版　　次	2023年11月第1版　2023年11月第1次印刷
定　　价	**58.00元**

前　言

地下水补给强度直接反映含水层的可更新能力，是水资源管理与合理开发利用的关键参数之一。基于降雨入渗形成地下水补给的物理过程，实现地下水补给强度多时空尺度的模拟，可以为研究区域地下水资源、环境水文地质和生态保护等问题提供数据支持。然而，实测多时空尺度的地下水补给强度技术经济上难度大，而现有估算地下水补给强度的方法具有一定的局限性。因此，基于大数据的降雨入渗补给过程模拟研究具有重要理论与实践意义。

本书目的是编著一本较为系统和实用的有关地下水补给强度研究方法的学术著作，可作为地下水科学与工程、水文与水资源、环境科学与工程专业的研究生及科研工作者参考资料。本书集成其他学者在林冠截留、积雪融雪、降雨入渗、地表径流、蒸腾蒸发及补给等方面的研究成果，构建基于降雨入渗过程的地下水补给模型。本书的主要内容如下：

（1）通过收集、筛选、处理地下水补给模拟过程涉及的大数据（例如，降雨、气温、土壤、土地覆盖、植被根部厚度、DEM 等）建立空间数据库，构建数据驱动模型。

（2）本书将其他学者在林冠截留、积雪融雪、降雨入渗、地表径流、蒸腾蒸发及补给等方面的研究成果集成在一起，形成一个多功能模块。不仅可以获得地下水补给强度的时空分布，还可以输出蒸腾蒸发、气温、降雨、土壤植被等参数的空间分布。为研究地下水补给强度提供一个强大的工具支持。

（3）采用美国地质调查局（USGS）的地下水补给强度研究成果和衰退曲线位移法在不同流域尺度和月时间尺度上，率定降雨入渗补给物理过程模型参数。使用 USGS 研究成果从多空间尺度上率定参数，并用非饱和带的厚度修正入渗补给物理过程模型；衰退曲线位移法计算的 Grand River 流域的地下水补给强度，率定降雨入渗补给物理过程在月时间尺度上的参数。

（4）以美国密歇根州 43 年气象资料为基础，外推未来 30 年的气温与降雨量，模拟密歇根州 70 年来的地下水补给强度变化，研究全球变暖情况下对密歇根州下半岛地下水补给变化的影响。

本书引用了其他学者在林冠截留、积雪融雪、降雨入渗、地表径流、蒸腾蒸发及补给等方面的研究模型，深表感谢。本书编写过程中美国 Michigan State University 的 Li Shuguang 和 Liao Huasheng 教授对基础数据处理和降雨入渗补给物理过程模型构建提出了宝贵的建议，研究过程中使用了 Li Shuguang 教授团队开发的 IGW（Interactive Groundwater）软件，在此深表感谢。本书使用了美国国家气象数据中心

（NCSC，National Climatic Data Center）、美国农业部（USDA，United States Department of Agriculture）的土壤调查数据，USDA 自然资源保护局（NRCS）的 STATSGO 数据库，Michigan State University 多尺度模拟与实时计算重点实验室数据库等相关数据资源，在此表示感谢。

希望本书能对我国地下水科学与工程、水文与水资源、环境科学与工程专业的教学、科研与设计工作有所帮助，这是我们最大的愿望。鉴于本书引入的新内容较多，有些内容尚在认知和认同阶段，书中难免有错误与不当之处，恳请国内外专家和读者批评指正。

作者

2023 年 10 月

目　　录

第1章 绪 论

1.1 研究背景及意义

1.1.1 研究背景

1.1.1.1 水资源状况

1. 全球水资源状况

"水"在社会生态系统中被比作"国民经济的血液",在国民经济发展过程中扮演着至关重要的角色。水资源与社会是对立统一的整体,两者相互影响。大江大河流域往往是人类文明的发源地,而在技术社会时代,工业化与城镇化进程也与水密切相关。流域的中下游地区因水量充沛,其社会经济发展与城镇密度较流域上游地区具有显著优势。所以,水资源对于人类社会发展有着至关重要的作用[1]。

地球超过70%的面积被水覆盖,包括湖泊水、河流水、地下水、海洋水、冰川水、大气水及生物水,水资源总量约为 $138.6 \times 10^{16} \, \mathrm{m^3}$。其中,淡水资源储量极少,仅有 $3.5 \times 10^{16} \, \mathrm{m^3}$,其中还包括目前技术水平难以利用的储存在极深地下或南北两极的淡水资源,这部分占总淡水资源量的68.7%。因此,为数不多的淡水资源还存在使用困难的特点,真正能被人类开发利用的淡水资源不到水资源总量的1%。全球水资源储量见表 1.1-1[2-3]。

表 1.1-1 世界水资源储量表

类 别	水储量/亿万 $\mathrm{m^3}$	占淡水储量/%	占总储量/%
海洋水	1338000		96.5
地下水	23400		1.7
其中：地下咸水	12870	30.1	0.94
地下淡水	10530		0.76
土壤水	16.5	0.05	0.001
冰川与永久雪盖	24064.1	68.7	1.74
永久冻土底冰	300	0.86	0.022
湖泊水	176.4		0.013
其中：咸水	85.4	0.26	0.006
淡水	91.0		0.007
沼泽水	11.47	0.03	0.0008
河网水	2.12	0.0002	0.006

类　别	水储量/亿万 m³	占淡水储量/%	占总储量/%
生物水	1.12	0.0001	0.003
大气水	12.9	0.001	0.04
总计	1385984.611	100	
其中淡水	35029.21		2.53

2. 我国水资源状况

就我国而言，我国水资源总量为 28761.2 亿 m³，其中地下水资源总量约为 8309.6 亿 m³，地表水资源总量约为 27746.3 亿 m³[4]。虽然我国水资源总量在世界排名第 6 位，仅少于巴西、加拿大、印尼、美国和苏联，但是人均占有量在世界排名第 108 位，不足世界人均占有量的 1/4，是加拿大的 1/50，美国的 1/5。我国已是世界上 21 个最缺水和贫水的国家之一[5]。

我国淡水资源时空分布极度不均。在地域分布上，我国水资源总量总体上是南方多北方少，山地多平原少，沿海多内地少。例如，耕地面积仅占全国约 36% 的长江以南地区水资源却占全国水资源总量的 80%，而耕地面积占全国约 64% 的长江以北地区水资源仅为全国水资源总量的 20% 左右（见表 1.1－2）。由于水资源分布与耕地配置极度不匹配，水资源的供需关系矛盾突出，导致我国北方地区出现用水短缺、水资源供应不足等问题，限制了人们的生活和社会经济的发展。在时间分配上，我国的降雨受到季风的影响，年内变化幅度大，主要集中在夏季的 7—8 月。除此以外，我国降雨量在年际变化也很大，其中西北地区水资源年际变化远大于其他地区，华北、东北和南方地区水资源年际变化适中，西南地区水资源年际变化最小[6-7]。

表 1.1－2　　　　　　　　　我国主要流域水资源情况一览表[4]

地　区	降雨量/mm	地表水资源量/亿 m³	地下水资源量/亿 m³	地下水与地表水不重复量/亿 m³	水资源总量/亿 m³
全国	664.8	27746.3	8309.6	1014.9	28761.2
北方 6 区	333.4	4181.9	2596.7	864.7	5046.6
南方 4 区	1252.5	23564.4	5712.9	150.2	23714.6
松花江区	451.0	1086.0	462.2	181.5	1267.5
辽河区	459.8	220.4	164.8	72.8	293.1
海河区	500.3	128.3	223.3	143.8	272.2
黄河区	488.8	552.9	376.7	106.3	659.3
淮河区	874.7	699.8	419.2	258.8	958.6
长江区	1121.8	10488.7	2606.4	126.0	10614.7
其中：太湖流域	1244.1	183.7	44.4	23.2	206.9
东南诸河区	1546.6	1799.3	450.7	9.2	1808.5
珠江区	1679.5	5250.5	1158.2	15.0	5265.5

地 区	降雨量 /mm	地表水资源量 /亿 m³	地下水资源量 /亿 m³	地下水与地表水 不重复量/亿 m³	水资源总量 /亿 m³
西南诸河区	1163.7	6025.9	1497.6	0.0	6025.9
西北诸河区	183.3	1494.5	950.5	101.5	1596.0

1.1.1.2 地下水资源状况

1. 全球地下水资源状况

地下水作为水资源的重要组成部分，全球地下水的总储量约为 23400 亿万 m³，而地下水又分为地下咸水和地下淡水，其中地下淡水约占整个淡水资源的 30.1%。如果不包括冰川和永久覆雪等难利用的淡水资源，地下水资源总量占淡水资源的比重非常大，资源量相对较为丰富。由于地下水不易受污染、水量相对较稳定、开发成本低等优点，被世界各国广泛地开采与利用。20 世纪 80 年代中期，全球地下水开采量约为 5500 亿 m³/a，其中美国 1135 亿 m³/a、中国 760 亿 m³/a、日本 138 亿 m³/a 和澳大利亚 27 亿 m³/a。到了 20 世纪末，全球地下水开采量比 20 世纪 80 年代中期上升了 36%，中国、印度和美国的开采量均超过了 1000 亿 m³/a，其中中国和印度地下水开采量增长的最快[8]。但是地下水在全球并不是均匀分布的，目前世界上许多国家和地区地下水紧缺问题导致约 20 亿人缺少灌溉用水和饮用水。墨西哥由于地下水开采量远超过其补给量，使得墨西哥的蓄水层几乎全部处于过量开采的状态。

2. 我国地下水资源状况

就我国而言，矿化度小于 2g/L 的地下水资源量为 8309.6 亿 m³，约占全国水资源总量的 28.9%。其中，地下水的分布受到地形地貌气候等的影响。按地形地貌区域划分，山丘地区地下水资源量为 6893.2 亿 m³，平原地区地下水资源量为 1742.0 亿 m³，山丘地区与平原地区之间的重复计算量为 325.6 亿 m³，全国平原浅层地下水总补给量为 1819.7 亿 m³；按南北区域划分，北方地区地下水资源量为 2596.7 亿 m³，南方地区地下水资源量为 5712.9 亿 m³；按行政区域划分，由于西藏面积大，其地下水资源量排名第一，约为 1086.0 亿 m³，而天津地下水资源量约为 5.5 亿 m³，排名最后。地下水资源量超过 400 亿 m³ 的省级行政区一共有 7 个，依次为西藏、云南、四川、新疆、广西、广东和湖南[4]。

1.1.1.3 全球水资源危机

近 50 年以来，全球淡水资源使用量增加了 4 倍。世界上许多国家干旱缺水问题非常严重，亚洲 60% 的国家或地区、非洲 85% 的国家或地区以及中东国家，缺水危机已经成为事实[6]。世界上很多重要的水域都由多个国家共有，水资源分布的不均衡性除导致区域发展不平衡外，共有水资源利用的矛盾甚至带来了区域性的政治问题，影响世界和平与稳定[8]。联合国 1973 年召开的水资源会议指出，世界上石油危机之后将面临着水资源危机，水资源危机将成为下一个深刻的社会危机[9]。这足以印证水资源的前景不容乐观。

全球范围内，地下水资源总量非常丰富，即使排除冰川和常年积雪外，存储和流动的

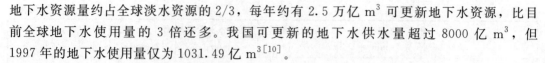

地下水资源量约占全球淡水资源的 2/3，每年约有 2.5 万亿 m^3 可更新地下水资源，比目前全球地下水使用量的 3 倍还多。我国可更新的地下水供水量超过 8000 亿 m^3，但 1997 年的地下水使用量仅为 1031.49 亿 m^3[10]。

地下水资源是水资源的重要组成部分，具有水量稳定、水质好等特点，是饮用水、农业灌溉用水、工矿和城市用水的重要水源之一。因此，地下水被视为支撑人类健康、经济发展和生态多样化的最具价值的自然资源之一[4-5]。

1.1.1.4　地下水超采导致的环境问题

全球约 15 亿以上人口主要以地下水作为饮用水源[7]。根据 2000—2002 年我国的地下水资源评估报告显示，我国地下淡水天然资源多年平均值为 8837 亿 m^3，约占全国水资源总量的 1/3。虽然我国地下水资源总量充沛，但其分布不均匀导致可开采的地下淡水资源量仅为 3527 万 m^3/a，占全国供水量的 18%～19%[11]。我国地下水资源在南方与北方具有显著差异[12]，以珠江流域和雷琼地区最为丰富，其地下水天然资源补给模数分别达到 32.2 万 m^3/(km^2·a) 和 41.5 万 m^3/(km^2·a)；长江流域平均补给模数为 14.8 万 m^3/(km^2·a)，其中洞庭湖流域达到 23.1 万 m^3/(km^2·a)；华北平原平均补给模数在 5 万 m^3/(km^2·a) 左右，而西北地区平均补给模数小于 5 万 m^3/(km^2·a)。

为了缓解社会经济发展与水资源短缺之间的矛盾，大量的地下水资源被用于工农业生产和居民饮用水。局部地区因长期超采地下水资源，使得其开采量常年大于其补给量，不仅形成了区域降落漏斗和地面沉降，还导致海水入侵甚至地下水质恶化等灾难性问题[13]。我国华北平原，形成了跨冀、京、津、鲁的区域地下水降落漏斗，近 7 万 km^2 的地下水位低于海平面，而整个河北省有多达 20 个漏斗区，总面积达 4 万 km^2[14]。因此，我国地下水资源的开发利用正在面临严峻的危机。

地下水系统是联系水圈、岩石圈、生物圈、大气圈等各圈层相互作用过程中能量、物质交流与汇集的载体与纽带，是一个非常复杂的系统。只有真正掌握地下水补给强度的时空分布，才可能提出可持续开采地下水资源的计划；在充分开发利用地下水资源的同时，又不会因地下水超采导致新的环境问题[15]。目前，欧美部分国家花费大量人力、财力建立了地下水化学信息、地表河流、湖泊、湿地、DEM 高程、气温、降雨、土壤利用及植被分布等数据库，为研究地下水补给强度时空分布提供了可靠而丰富的数据资料，使研究地下水补给强度的时空分布成为可能。

因此，研究地下水补给强度的时空分布，并将其用于指导地下水资源的开发利用及研究，是地下水研究领域的热点问题之一。

1.1.2　研究意义

地下水系统是一个复杂的系统，与大气圈、土壤圈、水圈、生态圈等都有密切联系。它们之间存在相互作用、相互依存的连带关系。地下水补给将直接影响地下水质与水位的变化，甚至决定地下水的流向。通过模拟地下水补给的物理过程，不仅可以回答"降雨到哪里去了？降雨怎么补给地下水？"等一系列的问题，还可以通过研究影响地下水补给强度的决定因素来指导地下水资源的开发利用。全球变暖是 21 世纪的人类需要面对的一个

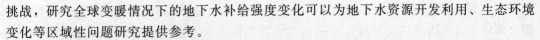

挑战，研究全球变暖情况下的地下水补给强度变化可以为地下水资源开发利用、生态环境变化等区域性问题研究提供参考。

　　本书的理论意义在于通过模拟降雨补给地下水的物理过程，提出一种地下水补给强度时空分布模拟的方法，并将该方法用于模拟美国密歇根州下半岛 1972—2041 年的地下水补给强度变化。本书提出了基于数据驱动的降雨入渗补给模型，并从多流域尺度和多时间尺度对模型进行参数校正。该模型的提出丰富了地下水补给强度研究方法，为揭示地下水补给强度时空分布提供科学依据，为其他区域特别是地下水资源匮乏和污染区域地下水防治提供参考依据。

1.2　地下水及其补给的定义

1.2.1　地下水的定义及其分类

1.2.1.1　地下水的定义

　　地下水广义上是指赋存于地面以下岩石空隙中的水，狭义上是指地下水面以下饱和含水层中的水。在《水文地质术语》（GB/T 14157—93）中，地下水是指埋藏在地表以下各种形式的重力水，包括液态的水液、气态的水汽和固态的水冰，还有介于它们之间的其他形态类型的水。总之，它们都是游离于矿物晶体之外的呈自由状态的水，都储存于岩石（土）的空隙中[5]。

　　国外学者认为地下水的定义有三种：一是指与地表水有显著区别的所有埋藏在地下水的水，特指含水层中饱水带的那部分水；二是向下流动或渗透，使土壤和岩石饱和，并补给泉和井的水；三是在地下的岩石空洞里、在组成地壳物质的空隙中储存的水[7]。

1.2.1.2　地下水的分类

　　按起源不同，可将地下水分为渗入水、凝结水、初生水和埋藏水。其中渗入水是指降雨渗入地下形成渗入水。当地面的温度低于空气的温度时，空气中的水汽便要进入土壤和岩石的空隙中，在颗粒和岩石表面凝结形成的地下水称为凝结水。初生水既不是降水渗入，也不是由水汽凝结形成，而是由岩浆中分离出来的气体冷凝形成，这种水是岩浆作用的结果。与沉积物同时生成或海水渗入到原生沉积物的孔隙中而形成的地下水称为埋藏水。在潜水面以上包气带中的水，包括吸着水、薄膜水、毛管水、气态水和暂时存在的重力水称为包气带水。

　　按地下水矿化度不同，可将地下水划分为淡水、微咸水、咸水、盐水、卤水。其中，淡水矿化度小于 1g/L，微咸水的矿化度在 1～3g/L 之间，咸水的矿化度在 3～10g/L 之间，盐水的矿化度在 10～50g/L 之间，卤水的矿化度大于 50g/L。

　　按地下水含水层性质可将其分为孔隙水、裂隙水、岩溶水。孔隙水通常是指储存在疏松岩石孔隙中的水，通常见于第四系松散沉积物及第三系少数胶结不良的沉积物，如松散的砂层、砾石层和风化的砂岩层。裂隙水主要赋存于坚硬、半坚硬基岩裂隙中，其埋藏和分布具有不均一性和一定的方向性，含水层明显受地质构造的因素的控制，水动力条件比较复杂。岩溶水赋存于岩溶空隙中,水量丰富而分布不均一,多重含水介质并存,既有具统一水位面的含水网络,又具有相对孤立的管道流,水质水量动态受岩溶发育程度的控制,在强烈发育区,动态变化大,对大气降水或地表水的补给响应快,岩溶水又称喀斯特水。

按埋藏条件不同,可将地下水划分为上层滞水、潜水、承压水。上层滞水通常埋藏在离地表不深、包气带中局部隔水层之上的重力水,一般分布不广,呈季节性变化,雨季出现,干旱季节消失,其动态变化与气候、水文因素的变化密切相关。潜水通常埋藏在地表以下、第一个稳定隔水层以上、具有自由水面的重力水,潜水在自然界中分布很广,一般埋藏在第四纪松散沉积物的孔隙及坚硬基岩风化壳的裂隙、溶洞内。承压水通常埋藏并充满两个稳定隔水层之间的含水层中的重力水,承压水不具有潜水那样的自由水面,其运动方式不是在重力作用下的自由流动,而是在静水压力的作用下,以水交替的形式进行运动。

1.2.2 地下水补给

含水层或含水系统从外界获得水量的过程称作地下水补给。补给的来源有大气降水、地表水、凝结水、灌溉水、相邻含水层、人工补给等,其中大气降水入渗是最主要的补给源。

Lerner 等将地下水的补给划分为直接补给、间接补给和局部补给三种类型[16]。直接补给是指垂直入渗的大气降雨,补充土壤水分亏缺和蒸腾蒸发后,进入到地下水系统的水;间接补给是指地表水体经其下伏的河床沉积物渗透而补给地下水系统的水;局部补给是水平或接近水平地表集中的水经无明确定义的通道(如根孔、虫孔、裂隙等)进入到地下水系统的水,是地下水补给的中间形式。

地下水储存量和地下水位的变化与大气降水量密切相关。大气降水至地表后,部分水量将经过林冠截留、植被蒸腾蒸发及形成地表径流外,剩余部分水量将下渗到松散堆积物、岩石裂缝或洞穴并在其中储存起来,从而形成地下水[17]。经验研究表明,降水量的多少和地表层的透水性决定下渗至表层土壤的最大水量[18],对地下水的补给量起着重要作用[19]。含水层的特征(比如含水层厚度、面积)决定了储存地下水的能力[20]。以上诸多因素共同决定降雨形成地下水补给的过程。

除降雨外,地表水系,例如江河、湖泊、水库甚至海洋都可能是地下水的重要补给源。一般而言,旱季的降雨量少,地表水系的水位低于地下水位,此时地下水补给地表水体,使得地表水与地下水的水位趋于平衡;雨季的降雨多,地表水体的水位高于地下水位,地表水补给地下水,使得地下水位升高[21]。地下水与地表水存在相互转化的关系。

凝结水及灌溉水都可能是地下水的补给源。凝结水补给地下水是指水汽凝结形成重力水,下渗补给地下水的过程。主要发生在昼夜温差大且降雨量少的干旱或高山地区,当包气带孔隙中水汽到达饱和后,昼夜温差的变化导致水汽凝结成液滴状重力水下渗补给地下水[22-24]。在农田灌溉过程中,因灌溉技术限制,部分灌溉水不可避免地会回归补给地下水[25-26],灌溉水的回归补给由灌溉技术、植被类型等共同决定。

1.3 国内外研究现状及发展趋势

虽然在理论和方法上，对地下水补给的研究都获得了一定的发展，但目前仍存在许多问题与挑战[4]。众多地下水补给量的估算方法，具有各自的优缺点和使用范围。例如，达西定律不仅可以估算包气带、饱水带的地下水补给，还可以估算区域范围内大尺度的地下水补给量，其缺点是由于包气带和含水层的非均质性，使模型参数（孔隙度、水力梯度、给水度等）具有不确定性，造成估算结果存在一定的不确定性。因此，如何解决非均匀介质参数的不确定性问题是该方法未来关注的重点。

时空不确定性对地下水补给量的影响未完全解决。例如，节水农业、土地利用方式、植被分布、降雨等因素对地下水补给的影响，需要在不同情景下进行野外试验，探究各种情景对降雨入渗补给过程的影响机理。土地利用及植被覆盖类型的变化、气候全球变暖、"城市热岛"效应等，均可能影响地下水补给的时空差异变化。因此，迫切需要从降雨入渗补给过程构建估算地下水补给量的方法，去研究各种情景下地下水补给的时空变化。

自 20 世纪 80 年代以来，国际水文地质界对地下水补给的研究进入高峰期，定量研究地下水补给的方法不断发展，并逐渐朝综合应用多种方法转变[27]。这些方法可以概括总结为化学方法、物理方法和数值模拟方法三大类型。下面将以三类方法为主线，论述国内外地下水补给的研究现状。

1.3.1 国内外研究现状

1.3.1.1 化学方法

化学方法又称为示踪剂法，主要是利用示踪元素在土壤中的峰值运移速率来研究地下水补给量。该方法虽然是最近 20～30 年发展起来的一门新兴技术，但其理论与实践发展较快，并被成功用在干旱地区[28]。目前通过包气带确定地下水补给的化学方法主要有历史示踪剂、环境示踪剂和人工示踪剂三种类型，除此以外，部分学者采用热示踪剂的方法研究地下水补给。

1. 历史示踪剂

该方法是将过去人类活动或重大事件中释放的特征元素作为示踪剂。比如，19 世纪 50—60 年代核试验释放的 ^3H、^{36}Cl 等污染物随着降雨或降尘到达地面后，在 1963—1964 年达到峰值，根据其在土壤中的峰值运移速率来研究过去 50 年的地下水补给量[29-36]。我国学者 Lin 和 Wei 通过 ^3H 的峰值剖面研究，计算获得内蒙古自治区（1997 年）和山西省（1998 年）黄土覆盖区的地下水补给强度分别为 47mm/a 和 68mm/a[37]。因 ^3H 的半衰期只有 12.34a，随着其衰变，20 世纪 90 年代后期土壤水中 ^3H 的浓度非常接近现代雨水中 ^3H 的浓度，且在南、北半球大部分地区都探测不到 ^3H 的峰值，所以 ^3H 不是一种理想的示踪剂[38]。

除了 ^3H 外，^{36}Cl 也被学者用于研究地下水补给[31,39-43]。Phillips 等和 Scanlon 研究表明：使用 Cl 和 ^{36}Cl 计算得到的地下水补给量差异不明显[31,41]，然而 Cook 等的研究结果显示它们两者计算得到的地下水补给量却相差几个数量级，这种差异可能是 ^{36}Cl 沉降的空间变异导致的[43]。然而放射性核沉降都具有强烈的时空变异，若要掌握放射性核沉降时空变化规律需要测试大量样本。但因 ^{36}Cl 的本底浓度非常低，检测其浓度对技术要求较高，费用昂贵，使得通过测试大量样本中的 ^{36}Cl 来掌握其时空分布规律的方法不现实，所以使用 ^{36}Cl 作为示踪剂来研究地下水补给同样受到技术与费用的限制。

2. 环境示踪剂

常见的环境示踪剂有稳定同位素（^{2}H 和 ^{18}O）、氯离子等。

（1）稳定同位素（^{2}H 和 ^{18}O）。雨水同位素组分的季节性变化特征是使用稳定同位素研究地下水补给的基础。地下水补给充沛的地区，可以利用同位素季节性变化特征与补给水的关系来研究地下水的补给量。Allison 等发现土壤水中的同位素组分和当地大气降水线偏移量与补给强度平方根倒数成正比关系[44]。据此，可以根据同位素组分在土壤水中的变化，研究大气降水入渗补给强度[44-48]及补给机制[49-50]。研究表明，该方法在补给强度大于 10mm/a 的地区敏感性差，故其特别适用于地下水补给量小的半干旱地区，而在雨水丰富或灌溉区使用较少[38]。

（2）氯离子。氯离子因在自然环境中具有高溶解性和强稳定性，被视为示踪剂用于研究干旱、半干旱气候条件下包气带中的水分运移及降雨入渗补给量。其中，包气带中氯离子浓度用于确定扩散流的地下水补给量，而地下水中氯离子浓度用来确定总地下水补给量[38]。研究结果表明，土壤水中氯离子浓度与土壤氯离子质量平衡法计算的入渗补给量具有较强的负相关关系，且入渗补给量较低的时候，土壤水中氯离子的显著变化引起的入渗补给量变化较小，此时采用氯离子作为示踪剂计算得到的入渗补给量精度高[32]。

1990 年，Eriksson 和 Khunakasem 首次运用地下水中氯离子的含量研究地下水的补给量[51]；Allison 和 Hughes 随后改进 Eriksson 和 Khunakasem 的方法，运用土壤氯离子剖面研究地下水补给量[29]；再后来，学者用其研究海滨含水层的地下水补给量[52]。该方法广泛应用的过程中，其计算的地下水补给强度差别较大。例如，Allison 和 Hughes、Prudic 等用其研究美国和澳大利亚干旱地区的地下水补给强度仅为 0.05~0.1mm/a[30,53]，然而 Edmunds 等用其研究 Cyprus 植被稀少沙地区的补给强度为 33~94mm/a[54]。运用此法计算获得的我国西北巴丹吉林沙漠地区的地下水补给强度仅为 1.3mm/a[55]。

因在补给强度大的时候，氯离子浓度对地下水补给强度变化不敏感，故该方法只能适用于干旱或半干旱地区或补给量小的地方。所以，氯离子的浓度及其来源限值该方法计算的地下水补给强度范围，通常认为地下水补给强度小于 300mm/a[32]。

综上所述，使用环境中氯离子作为示踪剂研究地下水补给也存在一定的缺陷。

3. 人工示踪剂

除了以上两种示踪剂外，根据研究需要将示踪剂（目前主要的示踪剂为 Br$^-$、^{3}H 和染色剂）投放到地表或地下某一深度[56-59]，并以示踪剂峰值运移速率和土壤剖面含水量来计算降雨或灌溉水的入渗补给量。Br$^-$ 作为示踪剂主要被用于研究土壤溶质运移，很少用于地下水补给的研究[60]。其中，Sharma 等将 Br$^-$ 作为示踪剂研究菜地在单纯降雨条件下的补给强度为 2.95mm/d[61]；Rice 等将 Br$^-$ 作为示踪剂研究裸地在降雨和灌溉条件下的补给强度为 3.3mm/d[62]。

该方法以扩散流为理论依据，因未考虑优先流，而使得地下水补给计算结果偏小，且该方法所代表的时空尺度非常有限，不能克服空间变异性的影响；同时，部分人工示踪剂（如 ^{3}H）的使用将带来环境污染问题。但是，与历史示踪剂相比，该方法具有定时、定位和定量的优点，通过实验设计可以克服土壤根系、大空隙流和耕作的影响。

4. 热示踪剂

热示踪剂利用地下水的热对流传输地热的过程计算地下水补给。Birch 在 1948 年首先发现反映过去气候的地温分布偏离其温度状态，并证明在包气带中偏离的幅度就是地下水补给导致[63]。因此，地温可以视作一种示踪剂来计算地下水补给强度。Carslaw 和 Jaeger 假设地表温度呈线性增加，得到一维热传导对流方程的解析解[64]。Bredehoeft 和 Papadopulos 以稳定热传导-对流方程为基础，提出一种从温度分布来计算相对深层含水层补给强度的典型曲线[65]。1993 年，Taniguchi 采用设计非稳定温度深度剖面来计算浅层含水层稳定流条件下的地下水多年平均补给强度，该方法不仅需要长时间气象资料和剖面温度测量数据，而且还需要较多的热力学参数，因此其应用有限[66]。

1.3.1.2 物理方法

研究地下水补给的物理方法主要包括地下水位动态法、零通量面法、达西法及地中渗透仪法。

1. 地下水位动态法

地下水位动态法通过给水度将地下水储存量与地下水位动态联系起来，根据地下水位的动态变化判断地下水储存量变化。该方法不受包气带土壤水流运移机制的影响，即使包气带中存在优先流也可将其用于地下水补给研究。该方法特别适用于潜水位埋深浅、水位波动强烈的半干旱地区，具有精度高、使用方便、成本低廉等优点[67]，被视为半干旱区最有前景和广泛应用价值的计算地下水补给的方法之一[68-73]。因流域中地下水补给量受高程、坡度、地质、地貌类型、植被等因素影响显著，监测井的水位变化需要能够反映或代表整个流域的水位[74]。在排泄量等于补给量的稳定流条件下，限制该方法使用；此外地下水位波动原因及给水度很难确定，使得该方法的应用受到限制。

一般而言，地下水位的波动有不同的时间尺度[67]：地下水位的短期波动与降雨、抽水机、大气压等波动息息相关；而地下水位的季节性波动主要受季节性降雨、蒸腾及灌溉影响；大时间尺度的地下水位波动取决于气候条件变化和人类活动。

2. 零通量面法

零通量面法的原理为：当降雨入渗使得包气带内非饱和水的含量增加后，使用中子水分仪测量整个非饱和带剖面上含水量的变化量，负压计测量剖面上的土壤水势，从而得到地下水的补给量。Richard 等首次提出该方法后，被广泛用于研究地下水补给量[75]。例如，Wellings 用该方法研究得到英格兰南部地区上部灰岩含水层的补给强度为 $345 \sim 469\text{mm/a}$[76]；Cooper 等用其研究英格兰灰岩和砂岩含水层，得到其补给强度为 $78 \sim 300\text{m/a}$[77]；Sharma 等运用该方法评价了澳大利亚西部半干旱区的补给强度为 $34 \sim 49\text{mm/a}$[78]；在我国，零通量面法也有广泛应用，其中邱景唐认为其可以应用在潜水位埋深区，并用其计算潜水蒸发量和补给量[79]。

零通面只有在理想状态下才存在，只要有入渗或蒸发存在零通面就消失。学者基于此方法提出定位通量法的概念[80]。该方法在土壤含水量变化大、水位埋深大于最深零通量面的地区应用较好。我国学者雷志栋等利用定位通量法研究潜水入渗补给量和土壤水分蒸发量，效果较好；周金龙等探讨采用定位通量法计算内陆干旱区潜水垂向入渗补给量的可行性[81]。但是，定位通量法需要含水量、水势等测试仪器，数据采集量大，费用昂贵，导致广泛使用困难。

3. 达西法

最深零通量面以下的土壤水流，常年向下流动，下渗量可以运用非饱和达西公式计算，如式 (1.3-1)。

$$R = -\frac{K(\theta)\mathrm{d}H}{\mathrm{d}z} = -K(\theta)\left(\frac{\mathrm{d}h}{\mathrm{d}z}+1\right) \tag{1.3-1}$$

式中：$K(\theta)$ 为非饱和渗透系数，为土壤含水量 θ 的函数；H 为总水头；h 为压力水头；z 为空间坐标，向上为正。

该方法受地域限制较小，不仅可以在干旱和半干旱地区应用[82-86]，还可以应用在湿润地区[87-90]。对于包气带较厚的地区，靠近地表部分为受气象因素影响的动态变化区，基质势和重力势共同驱动土壤水分的运动；而下部均质或基质势变化很小（基质势梯度可以忽略）的区域，土壤水的运动主要由重力势驱动[91]。这种情况下可以假设水势梯度为 $1^{[92]}$，补给强度等于相应含水量的水力传导系数。

理论上说，达西法计算地下水补给强度的下限取决于水力传导度的精度和水头梯度的测量。水力传导度可通过稳定流离心机法准确测定，其下限可以达到 $1×10^{-9}$ cm/s（0.3mm/a）[93]，上限约为 20mm/a。所以，达西法计算的地下水补给强度差别较大。例如，Stephens 和 Knowhon 用其计算得到美国新墨西哥州干旱区的地下水补给强度为 37mm/a[85]；Kengniatai 计算得到法国格勒诺布尔地区埋深小的灌溉区域的地下水补给强度为 500mm/a[94]。但是，因水力传导度对土壤含水量存在不同程度的依赖性，导致该方法具有一定不确定性[95]。该方法的最大特点是可常年使用，且受地域限制较小。

4. 地中渗透仪法

地中渗透仪法是直接测定土壤水蒸腾量、地下水补给和蒸发量的有效方法。地中渗透仪根据研究目的可以分为蒸渗仪和地中渗透仪，前者主要用于测定土壤水蒸腾量，后者主要用于测定地下水补给量和蒸发量。地中渗透仪可以精确测量各种植被条件下土壤水均衡方程中各项，并用其衡量其他方法计算结果的好坏或校正其他方法的参数[96]。

Aboukhaled 详细总结了各种蒸渗仪的设计、建造、性能和缺陷[97]。一般而言，渗透仪的深度为几十厘米至 10~20m 范围内，而其地表面积一般在 100~300cm²[98]。使用该方法测量地下水补给量时，地中渗透仪的深度不能比植被根区浅，否则测得的渗透量就会高于地下水补给量，所以对于深根区植被较深的区域，该方法受到局限。该方法可以测得从几分钟到几年时间尺度的地下水补给量，但其下限取决于测量的精度和地表的面积；其上限取决于排水流量的设计。对于大的地中渗透仪（地表面积大于 100m²），地下水补给强度的测量精度可以达到 1mm/a。

土壤岩性、深度、气候及地表面积等因素都将影响地中渗透仪测量地下水补给的范围，地中渗透仪在不同研究区域观测得到的结果差异性较大。例如，Kitching 等使用地中渗透仪观测英国 100m² 砂土 3 年时间后，得到研究区域地下水补给量为 342～478mm/a[99]；Kitching 和 Shearer 观测英国 25m² 灰岩草地，得到研究区域地下水补给量为 200mm/a[100]；Gee 等使用 18m 深的地中渗透仪观测美国半干旱地区，得到研究区域地下水补给量为 1～200mm/a[101]。

我国石家庄、保定、深县、沧州、德州、商丘等地都设立了均衡试验场，运用地中渗透仪研究地下水入渗补给和土壤水蒸腾。例如，李宝庆等设计和制造的新型大型称重式蒸渗仪具有蒸渗仪和地中渗透计功能，可以同时测定土壤水蒸腾、地下水补给和蒸发[102]。该仪器为研究地下水入渗补给和土壤水蒸腾提供了新途径。

虽然地中渗透仪具有某些其他方法不具备的优点，但是其建造时间长、技术复杂、费用昂贵，且土方开挖过程中将不可避免地对周边土壤和植被生长造成影响；地中渗透仪所代表的空间尺度有限，不能反映自然因素和人类活动引起的空间变异性；地中渗透仪对土壤的扰动、水位埋深稳定及植被生长受实验仪器器壁等边界效应的影响与田间差异较大；根深植被对地中渗透仪的测量精度影响也较大。上述原因限制了地中渗透仪的广泛使用。

1.3.1.3 数值模拟方法

随着计算机技术、模拟技术、大数据储存与读取技术及云计算并行计算等技术的发展，模拟获得的地下水补给的精度与可靠性都不断提高。地下水补给的数值模拟都是基于包气带的模拟模型，该类模型主要计算根区以下部分的渗透量或补给量，通常针对包气带的模拟模型分为水均衡模型和基于 Richards 方程的数值模型。水均衡模型主要有桶模型[103]、HELP 模型[104] 及 SWB 模型[105] 等；以 Richards 方程为基础的数值模型包括 BREATH 模型[106]、SWMS 模型[107]、HYDRUS 模型[108]、SWIM 模型[109]、TOPOG_IRM 模型[110]、VS2DT 模型[111]、SWAP 模型[112]、UNSATH 模型[113] 及 SWAT 模型[114] 等。式（1.3-2）是二维数值模拟过程中的常见公式之一[115]。

$$\nabla(T\nabla h)+q=S\frac{\partial h}{\partial t} \tag{1.3-2}$$

式中：T 为导水系数，m^2/d；h 为压力水头，m；q 为补给或排泄率，$m^3/(m^2 \cdot d)$；S 为储水系数，无量纲；t 为时间，d。

一般而言，水均衡模型的使用范围较大，同时需要收集模型中其他项的资料来校正模型。研究证实，在降雨量小且蒸发强度极大的干旱半干旱地区，因各均衡项本身的测量和估计误差可能都大于地下水补给量，故使用水均衡方法计算的地下水补给量存在较大误差[103]。基于 Richards 方程的数值模型局限在一维流，模型的时间尺度从几小时到几十年不等，且水力传导度与土壤基质势之间强烈的非线性关系导致其结果有很大的不确定性[106]。

地下水补给强度计算方法存在很多的不确定因素，且没有一个正确的标准来衡量地下水补给，往往都是采用多种方法来计算地下水的补给以相互印证，从而提高计算的准确性和精确性。

1.3.2　存在的问题及未来发展趋势

1.3.2.1　存在的问题

进入 21 世纪后，虽然地下水补给的研究获得了很多的成果，但对地下水补给的机制，至今也没有一个权威的界定，也存在一些不足需要去解决，具体为以下几点：

（1）地下水的测量补给量通常采用达西定律进行，但在使用过程中，需要涉及水力坡度、水力传导度、含水层厚度等参数。理想均匀基质或土壤的状态下，这些参数可以获得。但是，现实研究的对象都是非均质，这些参数分布与对应的基质一样，具有非均质性或不确定性。所以，如何将参数的非均质性或不确定性反应在计算过程中，显得尤为重要。

（2）地下水补给具有强烈的时空变异性，受土地利用方式、农业灌溉、植被类型等影响较大。而不同时间尺度与空间尺度下对地下水补给的精度要求不同。因此开展地下水补给强度的影响因素研究，可为不同时空尺度的地下水补给模拟率定各类参数提供理论依据。

（3）学者提供众多地下水补给计算方法，各类方法的时空尺度、计算范围、适用条件都存在较大的差异。研究过程中，根据研究目的及各类方法的适用条件选择合适的方法。

（4）地下水补给模拟过程中需要收集大量数据资料，多尺度（多时间尺度和空间尺度）模拟过程中需要动态处理、储存、读取这些资料。大量数据收集、储存、读取是制约地下水补给强度研究的主要因素之一。目前云计算、大数据、并行计算技术的发展使得在大尺度上模拟地下水补给成为可能。

1.3.2.2　未来发展趋势

地下水补给研究未来发展方向是将地球物理、遥感技术、云计算及并行计算技术等前沿学科融合，解决地下水补给的时空非均质性。

某些地球物理方法，比如利用重力、地震和电磁等物探方法可计算出含水量。Haeni 使用地震和穿地雷达来反演地下水补给引起的潜水位变化[116]；Daily 等采用多孔测井计算因地下水补给引起的水分重新分布[117]；Pool 和 Schmidt 提出通过连续高精度重力调查，确定因补给造成的物质变化[118]；国外学者将氯元素守恒法与物探方法或频域电磁法相结合，成功捕获地下水补给的空间变异性，确定大尺度地下水补给强度[119]。该方法被认为是一种非常有前景的方法组合。

随着遥感技术发展，可将其应用到大尺度地下水补给强度空间变化特征研究。遥感方法解决降雨和蒸发的大尺度技术问题，为基于遥感的水均衡研究提供了条件。通过采用高频率的计算，该方法可以解决"无法确定大尺度地下水补给强度时刻变化规律"这一难题。随着遥感技术发展，其将成为地下水补给强度研究的一个重要方向[120]。

云计算、并行计算技术、计算机硬件的升级，以及大数据处理、储存技术的完善，为大时空尺度的地下水补给模拟提供了可能性。

1.4 地下水降雨入渗补给数据驱动模型

1.4.1 模型研究思路

模型构建过程如下：

（1）回顾估算地下水补给强度的主要模型，了解地下水补给强度相关机理及发展历程。

（2）根据降雨入渗的各个过程，构建降雨入渗补给物理过程模型；介绍 Michigan State University 多尺度模拟与实时计算重点实验室 Li Shuangguang 教授团队研发的 IGW 软件、GIS/Google Map 交互界面（数据驱动模块）及其降雨入渗补给模块、衰退曲线位移模型等。

（3）阐述部分数据的收集、处理与管理，例如降雨数据、气温数据、植被分布数据、土地利用数据、土壤组成及其衍生数据等。采用外推法模拟密歇根州未来 30 年的气候变化，并介绍数据驱动原理。

（4）使用 USGS 提供的密歇根州下半岛的地下水多年平均补给强度校正模型参数，并使用非饱和层厚度修正入渗补给模型；利用衰退曲线位移法计算的 Grand River 流域地下水多年月平均补给强度校正月时间尺度上的模型参数；将入渗补给物理过程模型模拟的地下水多年平均补给强度应用至全州的稳定流模拟，验证模型。

（5）分析降雨入渗补给物理过程模型的水平衡、密歇根州地下水补给强度的多时间尺度变化；根据中长期气温、降雨变化情况，模拟未来 30 年地下水补给强度的时空分布，并分析变化原因。

1.4.2 模型技术路线

根据模型的研究思路，收集前人的研究成果，例如：降雨、气温、林冠截留、蒸腾蒸发、土壤持水、土壤水分下渗等与地下水补给强度相关各个物理过程的子模型，为建立入渗补给物理过程模型提供理论依据和技术指导；在确定入渗补给物理过程模型的初步框架后，收集、处理、储存相关数据，并构建数据驱动模型模块；根据降雨入渗的物理过程及可收集到的数据资料，建立入渗补给物理过程模型；选择 USGS 提供的密歇根下半岛地下水补给强度分布资料、衰退曲线位移法的计算结果校正入渗补给物理过程模型的参数；将模型运用在密歇根州下半岛，模拟研究区域内年、月时间尺度的地下水补给分布；在全球变化的大环境下，模拟 1970—2041 年密歇根州下半岛的地下水补给强度的变化。

模型主要分为 U.S.MI 数据处理-储存-驱动、入渗补给物理过程模型、模型校正与验证、模型应用共四个部分，如图 1.4-1 所示。

1.4.3 模型价值意义

研究基于大气降雨入渗补给地下水的物理过程，将其他学者在林冠截留、积雪融雪、降雨入渗、地表径流、蒸腾蒸发及地下水补给等方面的研究成果耦合形成一个多功能模

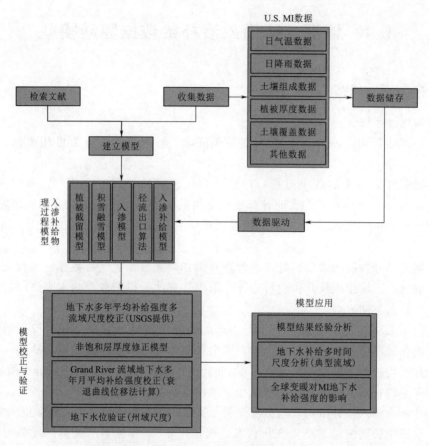

图 1.4 - 1 技术路线图

块。该模块除了可以获得地下水补给强度的时空分布外，还可以输出蒸腾蒸发、气温、降雨、土壤植被等参数的空间分布。可以为研究地下水补给强度提供一个强大的工具支持。

　　研究过程中，采用 USGS 对密歇根州下半岛地下水补给的研究成果在不同流域尺度对本研究所提出的模型参数进行率定；同时，使用衰退曲线位移法计算 Grand River 流域的地下水补给强度，并用于率定所研究模型在不同时间尺度上的参数。

　　基于密歇根州 43 年（1970—2014 年）气象资料外推未来 30 年（2014—2044 年）的气温与降雨量，模拟全球变暖假设情景下，密歇根州 70 年的地下水补给强度变化规律，并使用通径分析方法分解气温、降雨对地下水补给强度的影响。

参 考 文 献

[1]　金鑫. 浅析水资源在人类社会发展中的作用 [J]. 地下水，2012，34 (5)：115 - 117.

[2]　石虹. 浅谈全球水资源态势和中国水资源环境问题 [J]. 水土保持研究，2002，9 (1)：145 - 150.

[3]　王春晓. 全球水危机及水资源的生态利用 [J]. 生态经济，2014，30 (3)：4 - 7.

［4］ 中华人民共和国水利部. 2017 年水资源公报［G］. 北京：中国水利水电出版社，2017.

［5］ Madan K. Jha, A. C., V. M. Chowdary, Stefan Peiffer. Groundwater management and development by integrated remote sensing and geographic information systems：prospects and constraints［J］. Water Resource Management，2007，21 (2)：427 – 467.

［6］ 刘秀花. 水环境质量的模糊数学-地理信息系统综合评价研究［D］. 西安：长安大学，2001.

［7］ 中国地下水科学战略研究小组. 中国地下水科学的机遇与挑战［M］. 北京：科学出版社，2009.

［8］ 孙海龙. 浅地下水埋深条件下沙质人工草地 SPAC 水分运移与消耗研究［D］. 呼和浩特：内蒙古农业大学，2008.

［9］ W CED. Sustainable Development and Water. Statement on the W CED Report "Our Common Future"［J］. Water International，1989，14 (3)：151 – 152.

［10］ 郭孟卓，赵辉. 世界地下水资源利用与管理［J］. 中国水利，2005 (3)：59 – 62.

［11］ 马雷. 非均质多孔介质多尺度模型及其在地下水模拟中的应用［D］. 合肥：合肥工业大学，2013.

［12］ 中华人民共和国国土资源部. 中国地下水资源——新一轮全国地下水资源评价成果（上篇）［EB/OL］. http：//www.mlr.gov.cn/dzhj/201003/t20100326_142812.htm，2015 – 01 – 19.

［13］ 刘戈力. 地下水与水环境［J］. 水利规划与设计，2003，1：27 – 31.

［14］ 李亚鹏，马春杰，马建礼. 城市化对水环境的影响及对策［J］. 山西建筑，2005，31 (7)：146 – 147.

［15］ 马焰新，马腾，郭清海，等. 地下水与环境变化研究［J］. 地学前缘，2005，12：14 – 21.

［16］ Lerner D. N., Issar A. S., Simmer I., Groundwater recharge. A guide to understanding and estimating natural recharge［J］. International Contribution to Hydrogeology，Verlag Heinz Heize，1990，8：345.

［17］ 段鹏. 包气带岩性结构对地下水补给的影响研究——以鄂尔多斯盆地风沙滩为例［D］. 西安：长安大学，2001.

［18］ 宋博，查元源，杨金忠. 基于 Ross 模型的降雨灌溉入渗补给地下水规律分析［J］. 中国农村水利水电，2012，9 (5)：55 – 62.

［19］ 王政友. 降雨入渗补给地下水机理探讨［J］. 水文，2003，23 (3)：34 – 36.

［20］ 张志民，张岩俊，高力强，等. 储渗层对降雨补给地下水影响的研究［J］. 工程建设与设计，2006，3：55 – 56.

［21］ 马富存. 昌马水库运行后疏勒河流域盆地地下水补给资源及其水位变化分析［J］. 干旱地区资源与环境，2008，22 (8)：49 – 55.

［22］ 邵新民，于得胜，王蓓. 新疆乌拉泊水均衡试验场凝结水对地下水补给的观测研究［J］. 水文地质工程地质，2012，39 (2)：7 – 12.

［23］ 于绍文，孙自勇，周爱国，等. 罗布泊北部地区凝结水对地下水补给作用的模拟［J］. 地质科技情报，2011，30 (6)：116 – 121.

［24］ 梁永平，阎富贵，侯俊林，等. 内蒙古桌子山地区凝结水对岩溶地下水补给的探讨［J］. 中国岩溶，2006，25 (4)：320 – 322.

［25］ 陈志辉，程旭学. 河西走廊灌溉水田间入渗补给地下水机理研究［J］. 西安工程学院学报，2002，24 (1)：33 – 38.

［26］ 虎胆·吐马尔白. 灌溉水对地下水补给的研究［J］. 新疆农业大学学报，1996，19 (2)：50 – 55.

［27］ De Vries J. J., Simmers I. Groundwater recharge：an overview of process and challenges［J］. Hydrogeology Journal，2002，10 (1)：5 – 17.

［28］ 尹立河. 基于多种方法的地下水补给研究：以鄂尔多斯高原为例［D］. 北京：中国地质大学（北京），2011.

［29］ Allison G. B., Hughes M. W. The use of environmental chloride and tritium to estimate total recharge to an unconfined aquifer [J]. Australian Journal of Soil Research, 1978, 16 (2): 181-195.

[30] Allison G. B. , Hughes M. W. The use of natural tracers as indicators of soil-water movement in a temperate semi-arid region [J]. Hydrogeology Journal, 1983, 60 (1): 157-173.

[31] Scanlon B. R. Evaluation of liquid and vapor flow in desert soils based on chlorin-36 and tritium tracers and no isothermal flow simulations [J]. Water Resources Research, 1992, 28 (1): 285-297.

[32] Scanlon B. R. Uncertainties in estimating water fluxes and residence times using environmental tracers in an arid unsaturated zone [J]. Water Resources Research, 2000, 36 (2): 395-409.

[33] Cook P. G. , Jolly I. D. , Leaney F. W. Unsaturated zone tritium and chlorine-36 profiles from southern Australia: their use as tracers of soil water movement [J]. Water Resources Research, 1994, 30 (6): 1709-1719.

[34] Allison G. B. A review of some of the physical, chemical and isotopic techniques available for estimating groundwater recharge. In: Simmers I. (Ed.). Estimation of natural groundwater recharge. D. Reidel Publishing Company: Dordrecht, the Netherlands, 1988, 49-72.

[35] Allison G. B. , Gee G. W. , Tyler S. W. Vadose zone techniques for estimating groundwater recharge in arid and semiarid regions [J]. Soil Science Society of America Journal, 1994, 58 (1): 6-14.

[36] Gaye C. B. , Edmunds W. M. Groundwater recharge estimation using chloride, stable isotopes and tritium profiles in the sands of northwestern Senegal [J]. Environmental Geology, 1996, 27 (3): 246-251.

[37] Lin R. F. , Wei K. Q. Tritium profiles of pore water in the Chinese loess unsaturated zone: Implications for estimation of groundwater recharge [J]. Journal of Hydrology, 2006, 328 (1): 192-199.

[38] 汪丙国. 地下水补给评价方法研究——以华北平原为例 [D]. 北京:中国地质大学, 2008.

[39] Phillips F. M. Environmental tracers for water movement in desert soils of the American Southwest [J]. Soil Science Society of America Journal, 1994, 58 (1): 14-24.

[40] Norris A. E. , Wolfsberg K. , Gifford S. K. , et al. Infiltration at Yucca Mountain, Nevada, Traced by 36Cl [J]. Nuclear Instruments and Methods in Physics Research Section B: Beam Interactions with Materials and Atoms, 1987, 29 (1): 376-379.

[41] Phillips F. M. , Mattick J. L. , Duval T. A. Chlorine 36 and tritium from nuclear weapons fallout as tracers for long term liquid movement in desert soils [J]. Water Resources Research, 1988, 24 (11): 1877-1891.

[42] Phillips F. M. , Chorine-36, In: Cook P. , Herczez A. L. (Eds) Environmental tracers in subsurface hydrology [M]. Kluwer, Boston, 1999, 379-396.

[43] Cook P. G. , Jolly I. D. , Leaney F. W. Unsaturated zone tritium and chlorine-36 profiles from southern Australia: their use as tracers of soil water movement [J]. Water Resources Research, 1994, 30 (6): 1709-1719.

[44] Allison G. B. , Barnes C. J. , Hughes, M. W. , et al. Effect of climate and vegetation on oxygen-18 and deuterium profiles in soils [C]. In: Proceedings of the IAEA Symposium on Isotopes in Hydrology, 1984, 105-122.

[45] Saxena R. K. , Dressie Z. Estimation of groundwater recharge and moisture movement in sandy formations by tracing natural oxygen-18 and injected tritium profiles in the unsaturated zone, Isotope Hydrology [J]. International Atomic Energy Agency, Vienna, 1984, 139-150.

[46] Saxena R. K. Seasonal variations of oxygen-18 in soil moisture and estimation of recharge in esker

and moraine formations [J]. Hydrology Research, 1984, 15 (4 - 5): 235 - 242.

[47] Gehrels J. C. , Peeters J. E. M. , Vries D. E. The mechanism of soil water movement as inferred from 18O stable isotope studies [J]. Hydrological Sciences Journal, 1998, 43 (4): 579 - 594.

[48] Robertson J. A. , Gazis C. A. An oxygen isotope study of seasonal trends in soil water flues at two sites along a climate gradient in Washington State (USA) [J]. Journal of Hydrology, 2006, 328 (1 - 2): 375 - 387.

[49] Darling W. G. , Bath A. H. A stable isotope study of recharge process in the English chalk [J]. Journal of Hydrology, 1988, 10 (1): 31 - 46.

[50] Gazis C. A. , Feng X. A. A stable isotope study of soil water: evidence for mixing and preferential flow paths [J]. Geoderma, 2004, 119 (1 - 2): 97 - 111.

[51] Eriksson E. , Khunakasem V. Chloride concentrations in groundwater, recharge rate and rat of deposition of chloride in the Israel coastal plain [J]. Journal of Hydrology, 1969, 7 (2): 178 - 197.

[52] Sukhija B. S. , Reddy D. V. , Nagabhushanam P. Validity of the environmental chloride method for recharge evaluation of coast aquifers, India [J]. Journal of Hydrology, 1998, 99 (3): 349 - 366.

[53] Prudic D. E. Estimates of percolation rates and ages of water in unsaturated sediments at two Mojave Desert sites, California - Nevada [A]. US Geological Survey, Water - Resources Investigations Report, 1994.

[54] Edmunds W. M. , Darling W. G. , Kinniburgh D. G. Solute profile techniques for recharge estimation in semi - arid and arid terrain. In: Simmers I. , (Ed.). Proceedings of the NATO Advanced Research Workshop Estimation of Natural Groundwater Recharge. NATO ASI Series, vol. 222. Antalya, Turkey: Reidel, Dordrecht, 1988, 139 - 157.

[55] Ma J. , Li D. , Zhang, J. Groundwater recharge and climatic change during the last 1000 years from unsaturated zone of SE Badain Jaran Desert [J]. Chinese Science Bulletin, 2003, 48 (14): 1469 - 1474.

[56] Athavale R. N. , Rangarjan R. Natural recharge measurements in the hard - rock regions sem - arid India using tritium injection - a review. In: Simmers I. (Ed.). Estimation of natural groundwater recharge. D. Reidel Publishing Company: Dordrecht, The Netherlands, 1988, 175 - 795.

[57] Kung K. J. Influence of plant uptake on the performance of bromide tracer [J]. Soil Science Society of America Journal, 1990, 54 (4): 975 - 979.

[58] Flury M. , Fluhler, H. , Jury W. A. Susceptibility of soils to preferential flow of water: a field study [J]. Water Resources Research, 1994, 30 (7): 1945 - 1954.

[59] Forrer I. , Kasteel R. , Flury M. Longitudinal and lateral dispersion in an unsaturated field soil [J]. Water Resources Research, 1999, 35 (10): 3049 - 3060.

[60] Porro I. , Wierenga P. W. Transient and steady - state solute transport through a large unsaturated soil column [J]. Ground Water, 1993, 31 (2): 193 - 200.

[61] Sharma M. L. , Cresswell I. D. Watson J. D. Estimates of natural groundwater recharge from the depth distribution of an applied tracer, subsurface flow, pollutant transport, and salinity [M]. In: Prc Natl Conf Institute of Engineers. Melbourne. Victoria, Australia, 1985, 64 - 70.

[62] Rice R. C. , Bowman R. S. , Jaynes D. B. Percolation of water below an irrigated field [J]. Soil Science Society of America Journal, 1986, 50 (4): 855 - 859.

[63] Birch F. Finite Elastic Strain of Cubic Crystals [J]. American Physical Society, 1947, 71 (11): 809 - 824.

［64］ Carslaw H. S. , Jaeger J. C. Conduction of Heat in Solids ［M］. Oxford：Oxford University Pree, 1959.

［65］ Bredehoeft J. D. , Papadopoulos I. S. Rates of vertical groundwater movement estimated from the earth's thermal profile ［J］. Water Resources Research, 1965, 1 (2)：325-328.

［66］ Taniguchi M. Evaluation of vertical groundwater fluxes and thermal properties of aquifers based on transient temperature-depth profiles ［J］. Water Resources Research, 1993, 29 (7)：2021-2026.

［67］ Healy R. W. , Cook P. G. Using groundwater levels to estimate recharge ［J］. Hydrogeology Journal, 2002, 10 (1)：91-109.

［68］ Sophocleous M. A. Combining the soil-water balance and water-level fluctuation methods to estimate natural groundwater recharge：practical aspects ［J］. Journal of Hydrology, 1991, 124 (3-4)：229-241.

［69］ Leduc C. , Bromley J. , Schroeter P. Water table fluctuation and recharge in semi-arid climate：some results of the HAPEX Sahel hydrodynamic survey (Niger) ［J］. Journal of Hydrology, 1997, 188-189：123-138.

［70］ 齐仁贵. 用地下水动态资料分析降雨入渗对地下水的补给 ［J］. 武汉水利水电大学学报, 1999, 3：59-63.

［71］ Moon S. K. , Woo N. C. , Leeb K. S. Statistical analysis of hydrographs and water table fluctuation to estimate groundwater recharge ［J］. Journal of Hydrology, 2004, 292 (1)：198-209.

［72］ Marechal J. C. , Dewandel B. , Ahmed S. Combined estimation of specific yield and natural recharge in a semi-aridgroundwater basin with irrigated agriculture ［J］. Journal of Hydrology, 2006, 329 (1)：281-293.

［73］ Delin G. N. , Healy R. W. , Lorenz D. L. Comparison of local to regional-scale estimates of ground-water recharge in Minnesota, USA ［J］. Journal of Hydrology, 2007, 334 (1), 231-249.

［74］ 张亚哲, 申建梅, 王建中. 包气带水研究进展 ［J］. 农业环境与发展, 2009, 26 (6)：94-94.

［75］ Richard L. A. , Gardner W. R. , Ogata G. Physical processes determining water loss from soil ［J］. Soil Science Society of America Journal, 1955, 20 (3)：310-314.

［76］ Wellings J. R. Recharge of the Upper Chalk aquifer at a site in Hampshire, England：1. Water balance and unsaturated flow ［J］. Journal of Hydrology, 1984, 69 (1)：259-273.

［77］ Cooper J. D. , Gardner C. M. K. , MacKenzie N. , Soil controls on recharge to aquifers ［J］. Journal of Soil Science, 1990, 41 (4)：613-630.

［78］ Sharma M. L. , Bari M. , Byrne J. Dynamics of seasonal recharge beneath a semiarid vegetation on the Gnangara Mound, Western Australia ［J］. Hydrological Process, 2006, 5 (4)：383-398.

［79］ 邱景唐. 非饱和土壤水零通量面的研究 ［J］. 水力学报, 1992, 5：27-32.

［80］ 雷志栋, 杨诗秀, 谢森传. 田间土壤水量平衡与定位通量法的应用 ［J］. 水力学报, 1988, 5：1-7.

［81］ 周金龙, 姚斐. 应用定位通量法计算某区潜水垂向入渗补给量的适宜性分析 ［J］. 勘察科学技术, 1998, 2：11-12.

［82］ Scanlon B. R. , Milly P. C. D. Water and heat fluxes in desert soil 2 Numerical simulations ［J］. Water Resources Research, 1994, 30 (3)：721-733.

［83］ Enfield C. G. , Hsieh J. J. C. , Warrick, A. W. Evaluation of water flux above a deep-water table using thermocouple psychrometers ［J］. Soil Science Society America Processes, 1973, 37 (6)：968-970.

［84］ Sammis T. W. , Evans D. D. , Warrick A. W. Comparison of methods to estimate deep percolation rates ［J］. Water Research Bull America Water Research Assoc, 1982, 18：465-470.

［85］ Stephens D. B. , Knowlton R. J. Soil water movement and recharge through sand at a semiarid site in New Mexico ［J］. Water Resources Research，1986，22 (6)：881 – 889.

［86］ Healy R. W. , Mills P. C. Variability of an unsaturated sand unit underlying a radioactive – waste trench ［J］. Soil Science Society America Journal，1991，55 (4)：899 – 907.

［87］ Ahuja L. R. , EI – Swaify S. A. Determining soil hydrologic characteristics on a remote forest water-shed by continuous monitoring of soil – water pressures, rainfall and runoff ［J］. Journal of Hydrology，1979，44 (1)：135 – 147.

［88］ Steenhuis T. S. , Jackson C. D. , Kung S. K. Measurement of groundwater recharge in eastern long Island, New York, USA ［J］. Journal of Hydrology, 1985，79 (1)：145 – 169.

［89］ Kengni L. , Vachaud G. , Thony J. L. Field measurements of water and nitrogen losses under irri-gated maize ［J］. Journal of Hydrology, 1994，162 (1)：23 – 46.

［90］ Normand B. , Recus S. , Vachaud G. Nitrogen – 15 tracers combined with tension – neutronic method to estimate the nitrogen balance of irrigated maize ［J］. Soil Science Society America Jour-nal, 1997，61：1508 – 1518.

［91］ Chong S. K. , Green R. E. , Ahuja L. R. Simple in – situ determination of hydraulic conductivity by power function descriptions of drainage ［J］. Water Resources Research，1981，17 (4)：1109 – 1114.

［92］ Sisson J. B. Drainage from layered field soils：fixed gradient models ［J］. Water Resources Re-search，1987，23 (11)：2071 – 2075.

［93］ Nimmo J. R. , Akstin K. C. , Mello K. A. Improved apparatus for measuring hydraulic conductivity at low water content ［J］. Soil Science Society America Journal，1992，56 (6)：1758 – 1761.

［94］ Kengni L. , Vachaud G. , Thony J. L. Field measurements of water and nitrogen losses under irri-gated maize ［J］. Journal of Hydrology, 1994，162 (1)：23 – 46.

［95］ Nimmo J. R. , Stonestrom D. A. , Akstin K. C. The feasibility of recharge rate determinations using the steady – state centrifuge method ［J］. Soil Science Society America Journal, 1994，58 (1)：49 – 56.

［96］ Young M. H. , Wierenga P. J. , Mancino C. F. Large weighing lysimeters for water use and deep percolation studies ［J］. Soil Science Society America Journal，1996，116 (8)：491 – 501.

［97］ Ablkhaled A. , Ifaro A. A. , Smith M. Lysimeters Food and Agriculture Organization of the United Nations ［J］. FAO Irrigation and Drainage Paper，1981，39.

［98］ 郭智，李国珍，程润虎. 节水工程喷灌对文峪河洪积扇地下水补给的影响分析 ［J］. 水利水电工程设计，1995，3：45 – 50.

［99］ Kitching R. , Shearer T. R. , Shedlock S. L. Recharge to Bunter Sandstone determined from lysim-eters ［J］. Journal of Hydrology 1977，33：217 – 232.

［100］ Kitching R. , Shearer T. R. Construction and operation of a large undisturbed lysimeter to measure recharge to the chalk aquifer, England, Journal of Hydrology, 1982，56：267 – 377.

［101］ Gee G. W. , Fayer M. J. , Rockhold M. L. Variations in recharge at the Hanford site ［J］. North-west Science，1992，66：237 – 250.

［102］ 李宝庆，赵家义. 大型多功能蒸渗仪的研制 ［M］. 中国科学院禹城试验站年报 (1988—1990). 北京：气象出版社，1991，55 – 62.

［103］ Filint A. L. , Filint L. E. , Kwicklis E. M. Estimating recharge at Yucca Mountain, Nevada, USA：Comparison of methods ［J］. Hydrogeology Journal，2002，10 (1)：180 – 204.

［104］ Gogolve M. I. Assessing groundwater recharge with two unsaturated zone modeling technologies ［J］. Journal of Environmental Geology, 2002，42 (2 – 3)：248 – 258.

［105］ Salazar K. , McNutt M. K. SWB – A Modified Thornthwaite – Mather Soil – Water – Balance Code for estimating Groundwater Recharge [R]. Reston, Virginia: U. S. Geological Survey, 2010.

[106] Stothoff S. A. Sensitivity of long - term bare soil infiltration simulations to hydraulic properties in an arid environment [J]. Water Resources Research, 1997, 33 (4): 547 - 558.

[107] Simmunek J., Sejna M., Van Genuchten M. T. The HYDRUS - 1D software package for simulating the one - dimensional movement of water, heat, and multiple solutes in variably - saturated media (Version 2. 0) [A]. U. S. Salinity Laboratory, USDA, ARS, 1998.

[108] Simunek J., Vogel T., Van Genuchten. The SWMS _ 2D Code for Simulating Water Flow and Solute Transport in Two - Dimensional VariablySaturated Media (Version1. 2) [R]. U. S. Salinity Laboratory, USDA, ARS, 1994.

[109] Ross P. J. Efficient numerical methods for infiltration using Richard's equation [J]. Water Resources Research, 1990, 26 (2): 279 - 290.

[110] Zhang L., Dawes W. R., Hatton T. J. Estimation of soil moisture and groundwater recharge using the TOPOG_IRM model [J]. Water Resources Research, 1999, 35 (1): 149 - 161.

[111] Hsieh, Paul A., Wingle W., Healy R. W. VS2DI - A Graphical Software Package for Simulating Fluid Flow and Solute or Energy Transport in Variably Saturated Porous Media [A]. Reston, Virginia: U. S. Geological Survey, 2000.

[112] Van Dam J. C., Huygen J., Weaseling J. G. Theory of SWAP version 2. 0 (M), Technical Document 45, Wageningen Agricultural University and DLO Winand Staring Center, 1997.

[113] Fayer M. J. Unsat - H Version 3. 0: Unsaturated soil water and heat flow model, theory, user manual, and examples [A]. Battelle Pacific Northwest Laboratory, Hanford, Washington, 2000.

[114] Moriasi D. N., Arnold J. G., Vazquez - Amabile G. G., Engel B. A. Shallow Water Table Depth Algorithm in SWAT: Recent Developments [J]. Transactions of the ASABE, 2011, 54 (5): 1705 - 1711.

[115] Kinzelbach, W., Aeschbach, W., Alberich, C. A Survey of Methods for Groundwater Recharge in Arid and Semi - arid regions [R]. Early Warning and Assessment Report Series, 2002.

[116] Haeni F. P., Application of seismic - refraction techniques to hydrologic studies [J]. Open File Report, 1986, 84 - 746. U. S. Geological Survey.

[117] Daily, E., Ramirez, A.; LaBrecque, D., et al. Electrical resistivity tomography of vadose water movement [J]. Water Resource Research, 1992, 28 (5): 1429 - 1442.

[118] Pool, D. R., Schmidt, W. Measurement of groundwater storage change and specific yield using the temporal gravity method near Rillito Creek, Tucson, Arizona [R]. water Resource Investigation Report, 1997, 97 - 4125, U. S. Geological Survey.

[119] Scanlon, B. R., Langford, R. P, Goldsmith, R. S. Relationship between geomorphic settings and unsaturated flow in an arid setting [J]. Water Resource Research, 1999, 35 (4): 983 - 999.

[120] Burner. Using remote sensing to regionalize local rainfall recharge rates obtained from the Chloride Method [J]. Journal of Hydrology, 2004, 294 (4): 241 - 250.

第2章　地下水补给模型

地下水补给模型种类繁多，常用模型有基流分割、渗流模型、回归模型、土壤水分平衡模型（SWB 模型）及 SWAT 模型，主要原理概述如下。

2.1　基流分割法

基流分割又称为流量过程线分割或地下水分割。对流域的年降雨过程，基流分割就是将流域出口断面的径流分割为地面径流与基流。基流定义为地表降雨下渗到地下水面并注入河道的部分，或来源于地下水或其他延迟部分的径流[121]。根据基流的定义，基流主要有以下五种类型[122]：①基流包括浅层地下径流和深层地下径流，是河流补给的重要来源之一，也是枯水期河流的基本流量；②根据水的传播时间，将基流定义为地下径流和慢速壤中流之和；③在径流预报领域，基流被视为深层地下水，通常为历年最枯期流量的平均值；④Dooge 和 Napiorkowsld 认为，应用水文学不应区分坡面流、壤中流和地下径流，而应该将降雨划分为净雨、下渗及其他损失。其中，下渗补充土壤的蓄水量到其饱和后，剩余水量补给地下水便形成基流；⑤将基流定义为降雨形成的地下径流和深层基流得到广泛的应用。

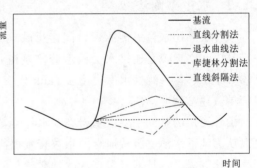

图 2.1-1　基流直接分割法示意图[124]

直接分割法、水量平衡法、同位素流量过程线法和时间序列分析法是 4 类主要的水文学领域应用广泛的基流分割方法[123]。其中，直接分割法是依据流域的水文和地质特征对流量过程线的图形分割方法，包括直线分割法、库捷林分割法和退水曲线法，如图 2.1-1 所示。

2.1.1　直接分割法

2.1.1.1　直线分割法

直线分割法为利用直线连接流量过程线中不同特征拐点的基流分割方法，该方法包括水平线和斜线分割法，主要适用于完整山区流域的基流分割或地下水资源量估算。水平线分割法以月平均最小流量为基准，对流量过程线进行水平分割，水平分割线下方为全年的基流量；斜线分割是指在日均流量过程线上将洪水起点与退水拐点用斜线相连，斜线下方部分为基流量[125]。

一般而言，若包气带厚度深，暴雨历时短，降雨强度大于表层土壤渗透能力时，通常选择水平线分割法；相反，若包气带厚度浅，降雨历时长，降雨强度小于表层土壤渗透能力，通常选用斜线分割法[126]。使用斜线分割法的过程中，需要确定洪峰的起涨点与退水段的转折点。虽然获得洪峰起涨点很容易，但是退水段的转折点需要使用综合退水曲线进行判断，而制作综合退水曲线较为复杂，计算费时，工作效率低[127]。

2.1.1.2 库捷林分割法

适用于河水与地下水水力联系密切地区。若涨洪水或河道地表水位较高时，河水补给地下水，基流为上游河网的地下水排泄，基流将减少；若河道水位回落或河道水位较低，地下水就会反过来补给河流，基流将增加；河水与地下水互不补给的时候，就是转折点的位置，通常根据河水与地下水的水力关系确定[128]。

2.1.1.3 退水曲线法

在相同比例尺下，移动多个流量过程线的退水段尾部至最大限度的重合，获得这些退水曲线的下包线称之为标准退水曲线，并利用其计算得到基流的方法称为退水曲线法[129]。该方法主要应用于河水与潜水无直接水力联系的情形，可以反映地下水排泄规律，但是流量过程线推求标准退水曲线的过程具有不确定性，所以使用该方法分割的基流具有任意性。

2.1.2 水量平衡法

该方法利用水量平衡原理，间接反映地下水出流过程，包括参数分割法和水文模拟法。其中水文模拟是通过水文模型分割基流，常用的模型有 Sherman 单位线法、Horton 下渗方程法、单一线性水库模型、Tank 模型等[124]。这里不对水文模拟法进行详细介绍，只简单叙述参数分割法。

山丘河川的基流主要由基岩裂隙水补给，而基岩裂隙水与河川径流无水力联系，所以可以认为地下水消退服从退水的指数衰减规律[130]。如果基岩裂隙水的补给与地表径流之间存在比例关系，且基岩裂隙水的排泄量与储存量也存在线性关系，则可通过求解近似的水量平衡方程获得基流量[131]。近似的水平衡方程如式（2.1-1）和式（2.1-2）所示。

$$w_{t_2} = w_{t_1} + (\overline{Q} - Q_{g_{t_1}})B\Delta t - Q_{g_{t_1}}\Delta t \qquad (2.1-1)$$

$$Q_g = \alpha w \qquad (2.1-2)$$

式中：w 为地下水储量，m^3；t_1、t_2 分别由 Δt 时间段的始末时刻，无量纲；$\overline{Q}$ 为 Δt 时间段内，河流的平均流量，m^3；Q_g 为基岩裂隙水的排泄量，m^3；B 为地下水径流总量与地表径流总量之比，无量纲；α 为系数。

式（2.1-1）和式（2.1-2）通过计算地下水排泄过程对以基岩裂隙补给为主的河流进行基流分割。在此基础上，袁作新和张志成通过联立求解地下水库的蓄泄方程和水量平衡方程，得到地下径流的参数分割方法[132]；现实中，地下水排泄量与地下水储水量之间没有线性关系，所以 Wittenberg 采用非线性水库计算方法，推导出无雨退水段的基流分割公式，如式（2.1-3）所示，有降雨时段的基流公式，如式（2.1-4）、式（2.1-5）所示[133]。

$$Q_{t-\Delta t} = \left(Q_t^{b-1} + \frac{b-1}{ab}\Delta t\right)^{1/(b-1)} \tag{2.1-3}$$

$$Q_{t-\Delta t} = q_{t-\Delta t}\left[1 + \frac{(b-1)q_{t-\Delta t}}{ab}\Delta t\right]^{1/(b-1)} \tag{2.1-4}$$

$$Q_{t-\Delta t} = q_{t-2\Delta t}\left[1 + \frac{(b-1)q_{t-2\Delta t}}{ab}\Delta t\right]^{1/(b-1)} \quad q_t > q_{t-\Delta t} \tag{2.1-5}$$

式中：$Q_{t-\Delta t}$ 为 $t-\Delta t$ 时刻的基流量，m^3/s；Q_t 为 t 时刻的基流量，m^3/s；Δt 为时间步长，s；a、b 为系数，b 取值 $0\sim1$；$q_{t-\Delta t}$ 和 $q_{t-2\Delta t}$ 分别为 $t-\Delta t$ 时刻和 $t-2\Delta t$ 时刻的总净流量，m^3/s。

2.1.3　同位素流量过程线法

水在流域内流通途径与滞留时间不同导致了同位素和水化学间的差异，这是同位素流量过程线法的基础[134]。基于时间源、产流机制及地理源三种划分方法在同位素流量过程线分割法中应用较为广泛。"时间源"将河道径流划分为"新水"和"旧水"，新水是指由降雨产生的地表径流，而旧水是指降雨前储存在土壤中的地下径流[135]。时间源模型的基本方程如式（2.1-6）和式（2.1-7）所示。

$$Q_t = Q_0 + Q_n \tag{2.1-6}$$

$$\delta_t Q_t = \delta_0 Q_0 + \delta_n Q_n \tag{2.1-7}$$

式中：Q_t、Q_0 和 Q_n 分别为总流量、旧水、新水，m^3/s；δ_t、δ_0 和 δ_n 分别为相应的同位素浓度。

该方法可以将地表径流中的旧水与新水分开，且试图利用其结果推断径流路径和山坡水文过程。研究结果表明，即使在同一流域的不同暴雨中，产流机制也有所不同，使得水文学者将重新认识霍顿坡面产流机制[136]。

学者发现时间源模型应用过程中不能忽略壤中流对流量过程线的影响，否则将得到不合理的结果[137]。De Walle 等提出三水源模型来推算直接降雨、土壤水和地下水对流量过程的影响[138]。三水源模型详见式（2.1-8）、式（2.1-9）和式（2.1-10）。

$$Q_t = Q_r + Q_s + Q_g \tag{2.1-8}$$

$$\delta_t Q_t = \delta_r Q_r + \delta_s Q_s + \delta_g Q_g \tag{2.1-9}$$

$$C_t Q_t = C_r Q_r + C_s Q_s + C_g Q_g \tag{2.1-10}$$

式中：Q_t、Q_r、Q_s 和 Q_g 分别为总流量、降雨量、土壤水、地下水，m^3/s；δ 和 C 分别是两种同位素的三种水源同浓度。

三水源模型广泛应用在山区小流域、森林流域等补给源相对单一的流域。

2.1.4　时间序列分析法

采用时间序列分割径流的方法是基流分割的简化方法，主要包括数字滤波法、平滑最小值法及时间步长法。

2.1.4.1　数字滤波法

数字滤波技术自 1990 年被应用于基流分割后，该方法广泛地用于基流分割[139]。滤波技术用于基流分割的理论基础是：直接径流是流域降雨—径流过程的快速反应，具有数字信号中高频信号的特征；而地下径流对于径流过程反应相应迟缓，具有数字信号中低频特征[140]。该方法就是利用数字滤波器分解高频、低频信号的原理，将径流分割为具有高频特征的直接径流和具有低频特征的基流。目前，学者设计了很多滤波器用于计算基流，该方法因成本低，使用快捷方便，得到较广应用，见表 2.1-1。

表 2.1-1　　　　　　　　　　　　估算基流的数字滤波器

名　称	方　程
单参数算法[141]	$q_{b(i)} = \dfrac{k}{2-k}q_{b(i-1)} + \dfrac{1-k}{2-k}q_{(i)}$
鲍顿双参数算法[142]	$q_{b(i)} = \dfrac{k}{1+c}q_{b(i-1)} + \dfrac{c}{1+c}q_{(i)}$
IHACRES 三参数算法[143]	$q_{b(i)} = \dfrac{k}{1+c}q_{b(i-1)} + \dfrac{c}{1+c}[q_{(i)} + \alpha_q q_{(i-1)}]$
莱恩和郝力克算法[139]	$q_{f(i)} = \alpha q_{f(i-1)} + [q_{(i)} - q_{(i-1)}]\dfrac{1+\alpha}{2}$
查普曼算法[144]	$q_{f(i)} = \dfrac{3\alpha-1}{3-\alpha}q_{f(i-1)} + \dfrac{2}{3-\alpha}[q_{(i)} - \alpha q_{(i-1)}]$
弗瑞和古普塔过滤[145]	$q_{b(i)} = (1-\gamma)q_{b(i-1)} + \gamma\dfrac{c_3}{c_1}[q_{(i=d-1)} - q_{b(i=d-1)}]$

使用滤波法可以得到稳定的基流系数，但是对于径流系数小的半干旱半湿润地区，出现历时短、强度高的暴雨频率大，洪水过程线往往是尖瘦形，其径流主要以超渗产流为主。因此，数字滤波法在这些流域估算的基流系数偏大。此外，该方法只试图从数值上将直接径流与基流分开，没有物理基础，不能从本质上判断不同流域的产流机制[146]。

2.1.4.2　平滑最小值法

平滑最小值法将连续流量序列以 5 天为一个单元划分为互不嵌套的块，制定一个规则确定这些块的最小值组成的拐点，这些拐点连接起来就得到基流序列[147]。

该方法简单易行，其在很多国家或地区得到广泛应用。董晓华使用该方法有效滤除三峡水库日入库流量中的高频部分，获得较平滑的地下径流过程线[148]。林凯荣等采用其对汉江老灌河流域分割的基流与其他方法比较，认为该方法分割获得的基流量偏小[149]；Eckhardt 将该方法的结果与其他方法进行对比后也得到类似的结论[150]。

这些实证研究暗示着该方法存在缺陷。该方法所得到的基流序列是总径流序列的下包络线，由部分总径流的折线构成。而实际上，流域的下垫面对降雨回流具有迟滞效应，地下径流过程线应该是光滑曲线，不应该有拐点，该方法不能正确反映流域的汇流规律；其次，该方法得到的地下径流包括了前期洪水没有完全衰退的地下径流，将地下水径流的水量放大，与实际不相吻合[151]。

2.1.4.3　时间步长法（HYSEP 法）

HYSEP 法是一个常用的流量分割计算机程序，分为固定间隔法（FI）、滑动间隔法

（SI）和局部最小值法（LM）三种方法[152]。它们都是利用经验公式计算直接径流的持续时间，如式（2.1-11）所示。

$$N = A^{0.2} \qquad\qquad (2.1-11)$$

式中：A 为流域面积，km^2；N 为直接径流的持续时间，d。根据经验，直接径流的持续时间通常为 $3\sim11d$，所以在计算过程中通常选择与 $2N$ 最接近的基数作为时间间隔。

根据徐磊磊等的研究，将固定时间间隔法、滑动时间间隔法和局部最小值法简单叙述如下[124]：固定时间间隔法是在所选取的时间间隔内，将其最小流量作为该时间段任意一天的基流，然后以本次计算的终点作为下次计算的起点，计算下一时间间隔内的基流；滑动时间间隔法是将某一天前、后 $(2N-1)/2$ 的最小流量视为该天的基流量，然后计算下一天的基流；局部最小值法是选择中心点前、后 $(2N-1)/2$ 时间范围内的最小值作为中心点的基流，然后以本次计算的终点作为下一个时间步长起点，计算时间步长中心点的基流，最后通过线性内插得到相连两个时间步长中心点间的基流。

2.2 渗 流 模 型

2.2.1 渗流模型的基础

Richards 通过达西定律及液体连续方程建立水在均匀土壤中的一维流动控制方程，该方程可以描述土壤中水分随着时间的变化[152]。控制方程如式（2.2-1）所示。

$$\frac{\partial \theta}{\partial t} = \frac{\partial}{\partial z}\left[K(\theta)\frac{\partial \psi(\theta)}{\partial \theta}\frac{\partial \theta}{\partial z}\right] - \frac{\partial K(\theta)}{\partial \theta}\frac{\partial \theta}{\partial z} \qquad (2.2-1)$$

式中：θ 为土壤水分的体积含水率，%；t 为时间，d；z 为土壤的深度，m；$K(\theta)$ 为土壤含水率为 θ 时，土壤的渗透系数，m/d；$\psi(\theta)$ 为土壤的基质势。

式（2.2-1）中，若 $K(\theta)$ 和 $\Psi(\theta)$ 可以用 θ 表示出来，就可以解方程（2.2-1）。将基质势与土壤含水量之间关系称之为土壤水分特征曲线。该曲线目前尚不能根据土壤的基本性质从理论上进行推导，需采用试验方法测得。学者对其进行广泛的研究后，Smith 等得到具有代表性的关系如式（2.2-2）所示[153]。

$$\psi(\theta) = \psi(b)\left[\left(\frac{\theta - \theta_r}{\theta_s^* - \theta_r}\right)^{-c/\lambda} - 1\right]^{1/c} + d \qquad (2.2-2)$$

式中：θ_s^* 为土壤的饱和含水率，%；θ_r 为土壤中残余水分含水率，%；λ 为 Brooks - Corey 孔径分布参数，无量纲；c 和 d 为饱和度与基质势的经验参数，$c=2$，$d=3$。

Brooks - Corey 在 1964 年提出土壤渗透系数、饱和土壤渗透系数和土壤含水量之间的经验公式，且得到广泛的应用[154]。

$$K(\theta) = K_s^*\left(\frac{\theta - \theta_r}{\theta_s^* - \theta_r}\right)^{b+a/\lambda} \qquad (2.2-3)$$

式中：K_s^* 为饱和土壤的渗透系数，m/d；a 和 b 为根据 Brooks 和 Corey 方法估算的经验参数。

2.2.2　渗流模型求解

2.2.2.1　概念模型

降雨的初期阶段，土壤含水率为常数，未到达饱和状态。此时，若降雨强度不大于土壤的渗透系数，则降雨全部下渗到土壤中，没有径流产生；随着降雨入渗到土壤中，土壤水分将逐渐趋于饱和，若此时降雨强度大于土壤渗透系数，则部分水量下渗到土壤中，多余水量产生径流[155]。

根据以上叙述，该模型的边界条件可用式（2.2-4）表示：

$$\begin{cases} r > K_s & 0 < t \leqslant t_h, t > t_n \\ r < K_s & t_h < t \leqslant t_n \\ \theta = \theta_i = 常数 & z \geqslant 0, t = 0 \\ f = r z = 0 & 0 < t \leqslant t_{p1}, t_h < t \leqslant t_{p2} \\ \theta = \theta_s z = 0 & t_p < t \leqslant t_h, t \geqslant t_{p2} \end{cases} \qquad (2.2-4)$$

式中：r 为降雨强度，m/d；K_s 为表层土壤的表层渗透系数，m/d；θ 为土壤的含水量，无量纲；θ_s 为土壤的孔隙度（或饱和含水率），无量纲；f 为表层土壤的渗透能力，m/d；t_h 为降雨强度小于土壤渗透系数的开始时刻，无量纲；t_n 为降雨强度小于土壤渗透系数的结束时刻，无量纲；t_{p1} 为表层土壤第一阶段产生地表径流的时刻，无量纲；t_{p2} 为表层土壤第二阶段产生地表径流的时刻，无量纲。

2.2.2.2　模型简化求解

对于 Richard 方程的求解，有很多简化模型，如 Horton 方程和 Green-Ampt 方程[157]。Horton 方程假设土壤渗透系数和基质势都是与土壤含水率无关的常量，而 Green-Ampt 方程假设土壤中的湿润锋是矩形，如图 2.2-1 所示。因土壤渗透系数和基质势受土壤含水量影响较大，所以 Horton 方程应用较少，这里将介绍 Green-Ampt 方程。

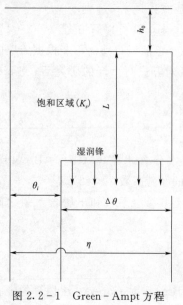

图 2.2-1　Green-Ampt 方程湿润锋

Green-Ampt 方程的简化过程中，将渗入土壤的水量、入渗强度、土壤基质势和湿润锋相结合，如式（2.2-5）表示渗入土壤水量。

$$F(t) = L(\eta - \theta_i) \qquad (2.2-5)$$

式中：$F(t)$ 为渗入土壤的水量，m；L 为湿润锋的长度，m；η 为土壤的孔隙度，无量纲；θ_i 为土壤初始含水量，无量纲。

根据达西定律，可以得到雨水的入渗强度，如式（2.2-6）所示。

$$f = K \frac{h_0 - (-L - \psi)}{L} \approx K \frac{L + \psi}{L} \qquad (2.2-6)$$

式中：f 为入渗强度，m/d；ψ 为土壤的基质势，m 为水柱；K 为饱和土壤的渗透系数，m/d。

将式（2.2-5）中 L 代入式（2.2-6），且 $f = \dfrac{\mathrm{d}F}{\mathrm{d}t}$，可以获得非线性微分方法，如式（2.2-7）所示。

$$\frac{\mathrm{d}F}{\mathrm{d}t} = K\,\frac{\psi\Delta\theta + F}{F} \qquad (2.2-7)$$

式（2.2-7）的解是非线性的，可采用近似的方法对其线性化或采用迭代的方法来求解。

2.3 回 归 模 型

回归模型计算地下水补给通常根据某种经验方法计算出一组地下水补给量；建立地下水补给与降雨、土壤特征及基流等之间的经验模型，并得到相关的经验参数；最后将经验模型应用在研究区域，获得整个区域的地下水补给。回归模型通常分为基流指数法和多变量回归法两类。

2.3.1 基流指数法

基流指数法是基于多年平均基流量等于地下水补给量的假设，其核心是将水文站上游地表的地质情况划分为若干类型，建立基流量与地表地质类型间的经验关系。USGS 回归法中，将地表地质类型划分为 Bedrock、Coarse-texture sediments、Fine textured sediments、Till 和 Organic sediments 五类[158]。该模型分为估算基流指数、估算基流量和估算地下水补给强度三个部分，具体如下。

2.3.1.1 估算基流指数

基流指数（Base-flow Index，BFI）是指基流在总径流中所占的比例。在有水文站的地方，可以根据基流分割的方法计算出基流指数。不同的地表覆盖物（地表地质类型）都有一个基流指数，而流域平均的基流指数是地表覆盖物基流指数的加权平均值。流域平均基流指数由式（2.3-1）计算。

$$y_{g,i} = \sum_{j=1}^{5} A_{g,i,j} x_{g,j} \qquad (2.3-1)$$

式中：$y_{g,i}$ 为流域 i 的 BFI 指数值，%；$x_{g,j}$ 表示第 j 类地表覆盖物的 BFI 指数值，%；$A_{g,i,j}$ 表示流域 i 第 j 类地表覆盖物的比例，%。

根据基流分割方法计算获得的 BFI 值与所对应流域的地表覆盖物的分布情况，可估算出各类地表覆盖物的 BFI 值。Deff 等利用 959 个水文站点的日流量数据计算出各水文站点的基流指数[159]。根据其基流指数的计算结果和流域的覆盖物分布情况，依据式（2-19）计算出各地表地质类型的基流指数，见表 2.3-1。

表 2.3-1　　　　　地表地质类型 BFI 指数[160]

地表地质类型	基岩	粗粒沉积物	细粒沉积物	冰碛土	有机沉积物
BFI 估计值	0.78	0.89	0.25	0.52	0.09

2.3.1.2 估算基流量

根据 2.3.1.1 节获得的每类地表覆盖物的 BFI 值及流域的地表覆盖物分布情况，可估算每个流域（可以是无观测站点的流域）的 BFI 值。根据流域的 BFI 值和流域长期的日径流观测资料（流域径流预测资料）计算流域的基流量。

根据基流指数与流域长期径流观测资料进行估算其长期基流量。估算基流的之前，需要先估算出径流量。估算径流时，需要根据水文站的控制集水面积、测量面积及未被测量面积计算出水文观测站流量的权重，如式（2.3-2）所示。

$$w_i = IA_i / (UA + GA_i - IA_i) \tag{2.3-2}$$

式中：w_i 为第 i 个水文单元流量的重系数，无量纲；IA_i 为第 i 个流域单元的控制集水面积，km^2；GA 为研究区内所有水文站点的集水面积，km^2；UA 为研究区无水文站点控制的集水面积，km^2。

对于每个流域单元，都可以根据水文站的集水面积得到一个权重系数。

式（2.3-2）获得的权重系数将用于估算流域每个水文单位的流量，如式（2.3-3）所示。

$$F_A = \sum_{i=1}^{n}(w_i F_i) / \sum_{i=1}^{n} w_i \tag{2.3-3}$$

式中：F_A 为水文单元的流速，m/s；F_i 为第 i 个观测站控制面积内的流速，m/s。

根据各个水文单元流量、控制面积及对应的 BFI 值，依据式（2.3-4）可得到流域的多年平均的基流量。

$$BF = BFI \times F_A \times S \tag{2.3-4}$$

式中：BF 为水文单元多年平均的基流量，m^3/s；S 为水文单元面积，m^2。

2.3.1.3 估算地下水补给强度

根据基流为地下水补给的假设，则各水文单元的地下水补给强度就是基流总量与面积的比值，即水文单元的流速与基流指数的乘积，如式（2.3-5）所示。

$$R_A = BFI_A \times F_A \tag{2.3-5}$$

基流指数法主要适用于计算大时间尺度的地下水多年平均补给强度，没有考虑人类活动、植被蒸腾蒸发、岩石储存等的影响。该方法不能体现地下水补给的季节性、年季的变化情况。该模型是基于基流量与地下水补给量相等的假设，若地下水文单元与地表水文单元不一致或地下水与深层地下水有水力联系时，其估算结果具有不确定性；除此以外，地表的水库、湖泊、排污口等可以改变地表径流的源汇项，都可能对结果造成不确定性影响。所以，该方法只能反映大时间尺度上的地下水多年平均补给[161]。

2.3.2 多变量回归法

多变量回归模型与基流指数法有相似之处，都是以地下水补给与基流量相等为基础。该方法首先需要通过基流分割的方法计算出流域多年平均基流量；然后建立降雨、温度、土壤中沙粒的平均含量、基岩裸露百分比及流域坡度等流域特征参数与多年平均基流量间的回归模型；最后通过流域特征参数及回归模型参数计算获得流域多年平均基流量[162]。

采用回归方法计算地下水补给较多，但多是用于估算某个流域或局部尺度的多年平均地下水补给。

2.3.2.1 一般回归模型

回归模型可以分为一般回归模型和对数回归模型。一般回归模型以流域基流量与流域特征变量间存在线性关系为基础[163]，如式（2.3-6）所示。

$$BFY_i = \alpha_1 P_i + \alpha_2 T_i + \alpha_3 S_i + \alpha_4 C_i + \alpha_5 Sl_i + b \tag{2.3-6}$$

式中，BFY 为预测的多年平均基流量，m^3/a；P 为年平均降雨量，mm；T 为年平均最大温度，℃；S 为流域沙粒的比重，%；C 为流域裸露基岩比例，%；Sl 为流域的坡度，m/km。

2.3.2.2 对数回归模型

对数回归模型是基于流域多年平均基流量与流域特征间都是指数关系[164]，如式（2.3-7）所示。

$$BFY_i = b(P_i)^{\beta_1}(T)^{\beta_2}(1+S_i)^{\beta_3}(1+C_i)^{\beta_4}(Sl_i)^{\beta_5} \tag{2.3-7}$$

式（2.3-7）左右两边取对数后，可以线性化为式（2.3-8）。

$$\lg BFY_i = b + \beta_1 \lg P_i + \beta_2 \lg T + \beta_3 \lg(1+S_i) + \beta_4 \lg(1+C_i) + \beta_5 \lg(Sl_i) \tag{2.3-8}$$

该方法的缺点在于普遍性较差，因流域特征的差异性不同，地下水补给的决定性因素也不同，估计的参数不能直接运用到其他流域；对水文观测站的依赖性较强，对于没有水文观测资料的地区，不能得到基流量，该方法不适用；该模型只能估算流域的多年平均补给，不能估算局部的地下水补给或短时间的地下水补给。

不管是一般的回归模型还是对数回归模型，其共同点都是建立多年平均基流量与表征流域特征的变量间的关系。在研究过程，往往是根据研究区域流域特征的差异性及数据可获取性，来确定回归变量的选择[21]。但是，某些流域特征变量之间存在着一定的关联性，在使用最小二乘法进行参数估计的过程中，得到的参数置信区间偏大，可能会导致虚假回归。一些不重要变量的系数估计值偏大，而重要变量的系数估计值偏小。所以，在未来的研究中，可以使用有偏估计比如岭回归或主成分法等来预测地下水多年平均补给量。

2.4 土壤-水分平衡模型（SWB模型）

SWB模型是 Soil - Water - Balance code 的简称，最先由 Dripps 在其博士论文中提出[164]。SWB模型的最新版本由 USGS2010 年发布[165]。SWB模型是在 Thornthwaite - Mather 模型基础上修正而来的[166]，模型输入为网格的降雨数据、温度数据、土地使用类型、土壤特征参数、流动方向、土壤储水能力等数据。该模型首先计算出每个网格的源汇项、土壤含水量后，根据质量守恒得到地下水补给。该模型的质量守恒方程如式（2.4-1）所示。

$$Rech = (P + Snowmelt + Inflow) - (Interception + Outflow + ET) - DMoisture$$
$$\tag{2.4-1}$$

式中：$Rech$ 为 SWB 模型模拟得到的补给量，m^3/d；P 为每天的降雨量，m^3/d；

$Snowmelt$ 为每天的融雪量，m/d；$Inflow$ 为流入网格的水量，m/d；$Interception$ 为林冠截留量，m/d；$Outflow$ 为流出网格的水量，m/d；$DMoisture$ 为土壤水分的变化量，m/d。

SWB 模型中各部分的计算方法及模型的流程如图 2.4-1 所示。模型中，根据气象站资料，使用反距离平方插值获得每个网格单元的降雨、气温等气象资料[167]；积雪使用 Dripps 和 Bradbury 提出的估算方法，使用最高气温、平均气温、最低气温及冰点温度进行计算；融雪计算时，气温大于 0℃ 的情况下，气温每升高 1℃ 时，每天的融雪量增加 1.5mm[168]；径流是根据 Woodward 等提出的根据降雨、土壤残余水量及初始水量计算的方法，然后再使用连续冻土指数进行修正[169]；径流方向则使用传统的 D8 算法，根据 DEM 数据寻找每个网格的出口[170]；蒸腾蒸发计算模块中，为用户提供 Jensen-Haise 法、Blaney-Criddle 法、Turc 法和 Hargreaves and Samni 法等四种方法[171-174]；土壤水分的变化则使用 Thornthwaite-Mather 法[166]。

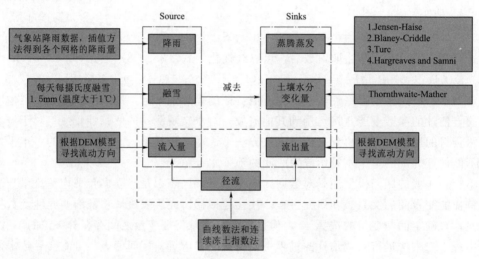

图 2.4-1　SWB 模型计算流程图

SWB 模型的优点在于其不仅可以模拟地下水补给在空间上的分布，还可以获得多时间尺度（天、月、年）的地下水补给量。但是，因模型选择经验的径流计算公式、积雪融雪及曲线指数模型，使得模型的结果具有一定的不确定性[165]。

2.5　SWAT　模型

SWAT 为 Soil and Water Assessment Tool 的缩写，是美国农业部（USDA）农业科学研究所（ARS）开发的预测复杂流域长期水、泥沙及农业污染物的运动趋势的模型[175]。该模型是基于物理过程，包括水流动过程、泥沙输移过程、植物生长过程及营养非营养物质的循环过程。模型需要输入参数为流域内的气象、土壤、地形及植被等资料。

整个 SWAT 模型含有预测杀虫剂、泥沙、营养物等众多因素的模块，其参数输入都以流域为单元，以水量平衡为整个模型的驱动力。SWAT 模型模拟过程中，流域水循环预测需与流域实际水循环过程相吻合，其水平衡如式（2.5-1）所示。

$$SW_t = SW_0 + \sum_{i=1}^{t} (R_{day} - Q_{surf} - E_a - w_{seep} - Q_{gw}) \qquad (2.5-1)$$

式中：SW_t 为最终土壤含水量，mm；SW_0 为第 t 天初始土壤含水量，mm；T 表示时间，d；R_{day} 为第 t 天的降水量，mm；Q_{surf} 为第 t 天的地表径流量，mm；E_a 为第 t 天的蒸散量，mm；w_{seep} 为第 t 天通过土壤剖面进入包气带的数量，mm；Q_{gw} 为第 t 天的回归流量，mm。

地下水补给是 SWAT 模型水循环模拟过程中的源项之一。该源项是渗漏或旁通流穿过土壤剖面底部并流经包气带后的浅层地下水补给量。模型使用 1969 年 Venetis 提出的指数衰减权重函数来计算水分离开土壤剖面进入到浅层含水层之间的时间延迟[176]。该函数使用于土壤剖面对浅层含水层补给为非瞬时（1 天或更少）的情况，每天的补给量由式（2.5-2）计算。

$$W_{rech,i} = \left(1 - \exp^{\frac{1}{\delta_{gw}}}\right) W_{seep} + \exp^{\frac{1}{\delta_{gw}}} W_{rech,i-1} \qquad (2.5-2)$$

式中：$W_{rech,i}$ 为每天的含水层补给量，mm；δ_{wg} 为地质组分的延迟时间，d；W_{seep} 为第 i 天由浅层含水层渗漏进入深层含水层的水量，mm；$W_{rech,i-1}$ 为第 $i-1$ 天由浅层含水层渗漏进入深层含水层的水量，mm。

浅层含水层的水量平衡使用式（2.5-3）计算：

$$aq_{sh,i} = aq_{sh,i-1} + w_{rech} - Q_{gw} - w_{revap} - w_{deep} - w_{pump,sh} \qquad (2.5-3)$$

式中：$aq_{shi,i}$ 为第 i 天浅层含水层的蓄水量，mm；$aq_{sh,i-1}$ 为第 $i-1$ 天浅层含水层的蓄水量，mm；w_{rech} 为第 i 天进入浅层含水层的水量，mm；Q_{gw} 为第 i 天进入主河道的地下水流或基流水量，mm；w_{revap} 为第 i 天水分亏缺而进入土壤层的水量，mm；w_{deep} 为第 i 天由浅层含水层渗漏进入深层含水层的水量，mm；$w_{pump,sh}$ 为第 i 天从浅层含水层抽取的水量，mm。

SWAT 模型是一个长期管理流域水分的模型，具有宏观性，具有如下优点：

（1）因模拟的是流域中不同管理措施的效果，在计算过程中不需要很大的时间和经济投入。

（2）该模型还可以用于污染物的长期积累效应研究。

同时，该模型也存在如下不足：

（1）决定该模型只能从在大尺度（流域尺度）研究地下水补给在时间上的变化趋势。

（2）该模型由美国政府部分开发，其参数输入都是以美国的数据可获取性为导向，但在我国的应用结果合理性还需进一步观察。

（3）该模型是基于众多的经验公式，在不同的国家或地区都需花费大量时间或经济投入估计经验公式的参数。

2.6 本 章 小 结

本章回顾目前计算地下水补给较为常用的五种方法，这五种方法各有优缺点，其应用范围、输出结果都各有不同，总结如下：

（1）基流分割法以基流与地下水补给相等为前提条件，通过经验方法将径流分割为直接径流与地下径流，地下径流视为地下水补给。基流分割的方法包括直接分割法、水量平衡法、同位素流量过程线法及时间序列法。这些方法都是基于地表径流的流量过程线，需要常年的径流资料，计算结果都是水文站控制积水面积内的平均补给强度。

（2）渗流模型是以达西定律及液体连续性方程为基础。该模型首先利用达西定律建立土壤水含量、土壤基质势、深度三种之间的关系，然后利用土壤饱和渗透系数与土壤饱和度、土壤基质势与土壤饱和度的经验关系，计算下渗至表层土壤的水分，最后扣除植被蒸腾蒸发、土壤水分含量变化等，得到地下水补给。

（3）回归模型是以相关性原理为基础。目前应用较广的有基流指数回归和多变量回归两类。基流指数回归采用流域内土壤组成计算综合基流指数，最后得到流域的地下水多年平均补给强度；而多变量回归就是建立多年平均基流量与流域特征参数（如黏土含量、沙粒含量、基岩类型、植被类型等）之间的线性经验关系，最后通过模型参数与变量预测地下水补给。

（4）SWB 模型是以水量平衡为基础，在 Thornthwaite-Mather 模型基础上修正而来的。该模型模拟降雨下渗至地下的整个物理过程，以 DEM、植被、温度、土地及土壤特征为模型输入，得到地下水补给在时间和空间上的分布。

（5）SWAT 模型是一个复杂的综合流域模型。其中地下水补给部分是以流域为研究对象，以水分平衡为基础。

参 考 文 献

[121]　Hall F. R., Base flow recessions: A review [J]. Water Resources Research, 1968, 4 (5): 973-983.

[122]　赵玉友, 耿鸿红, 潘辉学. 基流分割问题评述 [J]. 工程勘察, 1996, 3 (2): 30-36.

[123]　钱开铸, 吕京京, 陈婷, 等. 基流计算方法的进展与应用 [J]. 水文地质工程地质, 2011, 38 (4): 20-31.

[124]　徐磊磊, 刘敬林, 金昌杰, 等. 水文过程的基流分割方法研究进展 [J]. 应用生态学报, 2011, 22 (11): 3073-3080.

[125]　左海凤, 武淑林, 邵景力, 等. 山丘区河川基流 BFI 程序分割方法的运用与分析 [J]. 水文, 2007, 27 (1): 69-71.

[126]　水利部水利水电设计规划总院. 地下水资源的开发利用规划 [S]. 北京: 水利部水资源司, 2002.

[127]　顾森. 应用 Auto CAD 分割河川基流量 [J]. 广西水利水电, 2004, 3 (1): 79-81.

[128]　王大纯. 水文地质学基础 [M]. 北京: 地质出版社, 1986.

[129]　霍崇仁, 王禹娘. 水文地质学 [M]. 北京: 中国水利水电出版社, 1988.

[130]　杨东远. 加里宁-阿巴里扬地下水估算方法的改进. 平原地区水资源研究 [M]. 上海: 科学出版社, 1985.

[131]　丁志立, 胡魁德, 方圆圆. 用加里宁改进法分割河川基流分析与探讨 [J]. 江西水利科技,

2003，4：211-215.

[132] 袁作新，张志成. 地下径流的参数分割法 [J]. 水文，1990，1：14-19.

[133] Wittenberg H. Baseflow recession and recharge as nonlinear storage processes [J]. Hydrological Processes，1990，13：715-726.

[134] 顾慰祖. 论流量过程线划分的环境同位素方法 [J]. 水科学进展，1996，7 (2)：105-111.

[135] Sklash M. G.，Farvolden R. N.，Fritz P. A. Conceptual model of watershed response to rainfall，developed through the use of Oxygen-18 as a natural tracer [J]. Earth Science，1976，13 (2)：271-283.

[136] Ogunkoya，O. O.，Jenkins，A. Analysis of runoff pathways and flow contributions using deuterium and stream chemistry [J]. Hydrological Processes，1991，5 (3)：271-283.

[137] McDonnell J. J.，Bonell M. Stewart M. K.，Deuterium variations in storm rainfall：implications for hydrograph separation [J]. Water Resources Research，1990，26 (3)：455-458.

[138] De Walle D. R.，Swistock B. R.，Sharpe W. E. Three-component tracer model for streamflow on a Small Appalachian Forested Catchment [J]. Journal of Hydrology，1988，104：301310.

[139] Nathan R. J.，McMahon T. A. Evaluation of automated techniques for baseflow and recession analysis [J]. Water Resources Research，1990，26 (7)：1465-1473.

[140] Eckhardt K. Acomparison of baseflow indices，which were calculated with seven different baseflow separation methods [J]. Journal of Hydrology，2008，352：168-173.

[141] Chapman T. G.，Maxwell A. I. Baseflow separation comparison of numerical methods with tracer experiments [J]. Institute Engineers Australia National Conference，1996，5：539-545.

[142] Boughton W. C. A hydrograph-based model for estimating water yield of ungauged catchments [J]. Institute of Engineers Australia National Conference，1993，14：317-324.

[143] Jakeman A. J. Hornberger G. M.，How much complexity is warranted in a rainfall-runoff model? [J]. Water Resources Research，1993，29 (8)：2637-2649.

[144] Mau D. P.，Winter T. C. Estimating ground-water recharge from streamflow hydrographs for a small mountain watershed in a temperate humid climate，New Hampshire，USA [J]. Ground Water，1990，35 (2)：291-304.

[145] Furey P. R.，Gupta V. K. A physically based filter for separating base flow from streamflow time series [J]. Water Resources Research，2001，37 (11)：2709-2722.

[146] 林凯荣，张文华，郭生练. 流量过程线分割的新方法-应用分析 [J]. 水文，2006，16 (4)：15-20.

[147] Piggott A. R.，Moin S.，Southam C. A revised approach to the UKIH method for the calculation of baseflow [J]. Hydrological Sciences Journal，2005，50：911-920.

[148] 董晓华，邓霞，薄会娟. 平滑最小值法与数字滤波法在流域径流分割中的应用比较 [J]. 三峡大学学报（自然科学版），2010，32 (2)：1-4.

[149] 林凯荣，陈晓宏，江涛. 数字滤波进行基流分割的应用研究 [J]. 水力发电，2008，34 (6)：28-30.

[150] Nathan，R. J.，McMahon，T. A. Evaluation of automated techniques for baseflow and recession analysis [J]. Water Resources Research，1990，26 (7)：1465-1473.

[151] 陈利群，刘昌明，李发东. 基流研究综述 [J]. 地理科学进展，2006，25 (1)：1-14.

[152] Richards L. A. Capillary conduction of liquids through porous mediums [J]. Journal of Applied Physics，1931，5 (1)：318-333.

[153] Smith R. R.，Corradni C.，Melone F. Modeling infiltration for multistorm runoff events [J]. Water Resources Research，1993，29 (1)：133-143.

［154］ Brooks R. H., Corey A. T. Hydraulic properties of porous media ［J］. Hydrological，1964，3 – 27.

［155］ Corradini C. Modeling infiltration during complex rainfall sequences ［J］. Water Resources Research，1994，30 (10)：2777 – 2784.

［156］ Horton R. E. An Approach toward a physical interpretation of infiltration – capacity ［J］. Soil Science Society of America Journal，1940，5 (C)：399 – 417.

［157］ Green W. H.，Ampt G. A. Studies on Soil Physics，I Flow of water and air through soils ［J］. Journal of Agricultural Science，1911，4 (1)：1 – 24.

［158］ Piggott A. R.，Brown D.，Moin S. Calculating a groundwater legend for existing geological mapping data ［C］. Ground and water：Theory to Practice，Proceedings of the 55th Canadian Geotechnical and 3rd Joint IAH – CNC and CGS Groundwater Specialty Conferences，Niagara Falls，Ontario，2002，863 – 871.

［159］ Neff B. P.，Day S. M.，Piggott A. R.，et al. Base Flow in the Great Lakes Basin ［R］. U. S. Virginia，U. S. Geological Survey，2005，1.

［160］ Neff B. P.，Piggott A. R.，Sheets R. A. Estimation of Shallow Ground – water Recharge in the Great Lakes Basin ［R］. U. S. Virginia，U. S. Geological Survey，2005，6.

［161］ 魏日华，孙桂喜. 影响降水补给地下水资源的因素分析 ［J］. 吉林水利，2006，287 (5)：14 – 15.

［162］ Davod J. H. A Generalized Estimate of Groundwater recharge rates in the lower peninsula of Michigan ［R］. U. S. Virginia，U. S. Geological Survey，1997，7.

［163］ Dennis W. R.，Ronald F. T.，Marla H. S. Regression Method for Estimating Long – Term Mean Annual Ground – water Recharge Rates from Base Flow in Pennsylvania ［R］. U. S. Virginia，U. S. Geological Survey，2008，6.

［164］ Dripps W. R. The spatial and temporal variability of groundwater recharge within the Trout Lake base of northern Wisconsin ［D］. Madison，Wisconsin，University of Wisconsin，2003.

［165］ Ken S.，Marcia K. M. SWB – A Modified Thornthwaite – Mather Soil – Water – Balance Code for Estimating Groundwater Recharge ［R］. U. S. Virginia，U. S. Geological Survey，2010，1.

［166］ Thornthwaite C. W.，Mather J. R.，Carter D. B. Instructions and table for computing potential evapotranspiration and the water balance ［M］. N. J.，Laboratory of Climatology，Publications in Climatology，1957，10 (3)：185 – 311.

［167］ Dirk K.，Mark D. M. Documentation of Computer Program Infil 3. 0 – A Distributed – Parameter Watershed Model to Estimate Net Infiltration below the Root Zone ［R］. U. S. Department of Agriculture，2008，12 – 13.

［168］ Dripps W. R.，Bradbury K. R. A simple daily soil water balance model for estimating the spatial and temporal distribution of groundwater recharge in temperate humid areas ［J］. Hydrogeology Journal，2007，15 (3)：433 – 444.

［169］ Woodward D. E.，Hawkins R. H.，Hjelmfelt A. T.，et al. Curve number method – Origins，applications and limitations ［R］. U. S. Department of Agriculture，2008.

［170］ Chou T. Y.，Lin W. T.，Lin C. Y.，et al. Application of the Promethee technique to determine depression outlet location and flow direction in DEM ［J］. Journal of Hydrology，2004，287 (1)：49 – 61.

［171］ Jensen M. E.，Haise R. H. Estimating evapotranspiration from solar radiation ［J］. Journal of Irrigation and Drainage Division，American Society of Civel Engineers，1963，89：15 – 41.

［172］ Blaney H. F.，Criddle W. D. Determining consumptive use for water developments ［A］. New

York，U. S. ，in Methods for Estimating Evaporation – irrigation and drainage specialty conference，1966，1 – 34.

[173] Hargreaves G. H. ，Samai Z. A. Reference crop evapotranspiration from temperature [J]. Applied Engineering in Agriculture，1985，1（2）：96 – 99.

[174] Turc，L. Evaluation des besoins en eau d'irriagtion，evapotranspiration potentielle，formule climatique simplifee et mise a jour [J]. Annales Agronomiques，1961，12（1）：13 – 49.

[175] Neitsch S. L. ，Arnold J. G. ，Kiniry J. R. ，et al. Soil and Water Assessment Tool Theoretical Documentation [M]. Texas，Texas Water Resources Institute，2000.

[176] Sangrey D. A. ，Harrop – Williams K. O. ，Klaiber J. A. Predicting groundwater response to precipitation [J]. Journal of Geotechnical Engineering，1984，110（7）：957 – 975.

第3章 降雨入渗补给物理过程模型

降雨入渗补给物理过程模型将 SWAT 模型和 SWB 模型的部分模块以及其他的经验模型集成在一起，形成模拟降雨入渗物理过程的地下水补给模型。降雨入渗补给物理过程模型将降雨截留、积雪融雪、入渗、径流出口、蒸腾蒸发、入渗补给 6 个模块集成在一起。各模块均使用经验或半经验公式将整个降雨入渗过程有机联系在一起，用于模拟多时空尺度的地下水补给强度。

3.1 入渗补给物理过程模型

3.1.1 入渗补给物理模型的理论基础

地下水补给的概念模型基于控制净渗透物理过程，研究区域的水平衡。概念模型的水平衡包含湿沉降（降雨降雪）、林冠截留（植被截留）、蒸腾蒸发、地表径流、植被根区土壤水分重新分布、地下水补给等部分，概念模型如图 3.1 - 1 所示。模型假设降雨下渗至植被根部区域后，所有水分形成地下水补给（可能存在地下水位高程高于植被根部底端高程，或地下水位高程低于植被根部底端高程的情形）。

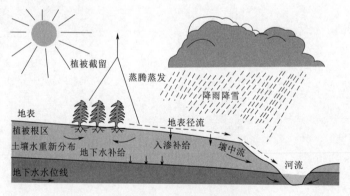

图 3.1-1 入渗补给概念模型

本书拟采用基于平面直角坐标的分布式参数的方法获得以上概念模型的解。沉降的水在到达地面前，首先部分被地表植被截留，然后部分雨水进入地表植被的根部区域，地表植被的根部区域被分为 5 层，进入的水分从上至下依次经过 5 层根部区域，多余的水分在地表被蒸发或进入邻近的计算单元。概念模型水平衡的计算方程如式（3.1-1）。

$$NI = PC - IC + Q_{in} - Q_{out} - ET - S \qquad (3.1-1)$$

式中：NI 为每天渗入地下水的净渗透量，m^3/d；PC 为每天的降雨，包括降雨和融雪水，m^3/d；IC 为每天的林冠截留，m^3/d；Q_{in} 为每天附近计算单元流入的水量，m^3/d；Q_{out} 为每天流向附近计算单元的水量，m^3/d；ET 为每天土壤的潜在蒸发和植被的潜在蒸腾，m^3/d；S 为每天土壤中储存的水分变化量，m^3/d。

入渗补给物理过程模型的计算步骤如图 3.1-2 所示。

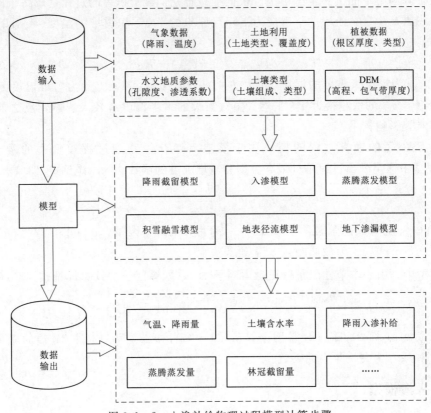

图 3.1-2　入渗补给物理过程模型计算步骤

如图 3.1-2 所示，入渗补给物理过程模型中，主要由数据输入、模型、数据输出三部分构成，建立模型后首先从空间数据库中读取气象、土壤、土地、DEM 等基础数据，然后根据建立的模型分别计算降雨截留、地表径流、积雪融雪、蒸腾蒸发等，最后根据用户需求输出模型结果或从数据库中读取基础数据。

3.1.2　降雨截留模型

若计算网格单元中没有植被，降雨则直接到达地表；若计算网格中有植被，到达地表的水分应该扣除被林冠截留的部分水。一般而言，在降雨后，林冠截留水分的能力将发生变化。在下一次降雨前，被林冠截留的水分都将蒸发至大气中，因而林冠的截留能力随着时间变化。林冠截留[177] 的计算详见式 (3.1-2)。

$$IC = \begin{cases} a & PC > a, a' = 0 \\ PC & PC < a, a' = a - PC \end{cases} \qquad (3.1-2)$$

式中：a 为地表植被的截留能力，m/d；a' 为地表植被剩余的截留能力，m/d。

3.1.3　积雪融雪模型

在寒带地区，特别是高纬度地带，降雨往往是以冰雪的方式沉降至地面。冰雪不仅影响地下水补给强度的量级大小和分布，还将影响水分下渗至土壤的过程。一般而言，自从积雪产生，降雨将不能下渗至土壤中。根据经验研究，整个积雪的过程是最高、最低气温的函数。积雪产生后，土壤的下渗能力下降至原来的 1/3。积雪堆的温度[178]计算详见式（3.1 - 3）。

$$T_{SP,d} = T_{SP,d-1}(1 - l_{sno}) + T_m l_{sno} \qquad (3.1 - 3)$$

式中：$T_{SG,d}$ 为第 d 天雪堆的温度，℃；T_m 为平均气温，℃；l_{sno} 为雪堆温度的滞后系数，无量纲，l_{sno} 的值越接近 1，平均气温对当天的雪堆温度有较大影响，反之前一天的雪堆温度对其影响较小。

引入 SWAT 的融雪过程的模块用于模拟入渗补给物理过程模型中的融雪过程。SWAT 模型中假定融雪过程是日最高温度和雪堆温度的函数[179]，详见式（3.1 - 4）。

$$SNO_{mlt} = b_{mlt} sno_{cov} \left[\frac{T_{SG} + T_{max}}{2} - T_{mlt} \right] \qquad (3.1 - 4)$$

式中：SNO_{mlt} 为每天总融雪量，m/d；b_{mlt} 为每天的融雪因子，m/(d·℃)；sno_{cov} 为积雪层的厚度，m；T_{mlt} 为最低的融雪温度，℃。

本模型中，引入季节性因子修正融雪因子[179]，融雪因子的计算详见式（3.1 - 5）。

$$b_{mlt} = \frac{b_{mlt6} + b_{mlt12}}{2} + \frac{b_{mlt6} - b_{mlt12}}{2} \sin\left[\frac{2\pi}{365}(d_n - 81) \right] \qquad (3.1 - 5)$$

式中：b_{mlt6} 为 6 月 21 日的融雪因子，m/(d·℃)；b_{mlt12} 为 12 月 21 日的融雪因子，m/(d·℃)；d_n 为在一年中的天数。

3.1.4　入渗模型

降雨经林冠截留后，一部分进入表层土壤，一部分形成地表径流进入到网格的出口网格单元（出口网格单元在 4.1.5 中定义）。模拟入渗过程之前，纵向根据各网格单元的植被根部厚度将其剖分为 5 层，从上至下依次计算各网格每层的水分平衡。

3.1.4.1　入渗模型算法

入渗模型中，渗入网格单元总的水量由降雨强度与表层土壤的渗透系数共同决定。降雨强度较大或降雨总量大于表层土壤的剩余持水量，多余水量以径流形式流向该网格的出口网格单元，然后再利用重力-疏干矩阵模型及初始水分含量计算得到渗透系数，重新分配水量在 5 层土壤中的分布，多余水量以径流形式流向该网格单位的出口网格单元。其具体算法如图 3.1 - 3 所示。

3.1.4.2　土壤初始渗透能力

降雨经林冠截留后，进入表层土壤的能力称为土壤初始渗透能力。如果降雨强度小于土壤初始渗透能力，土壤可以完全吸收水分；如果降雨强度大于土壤初始渗透能力，土壤不能完全吸收降雨，多余的水量将进入到下一个网格，并参与下一个网格的计算。进入表

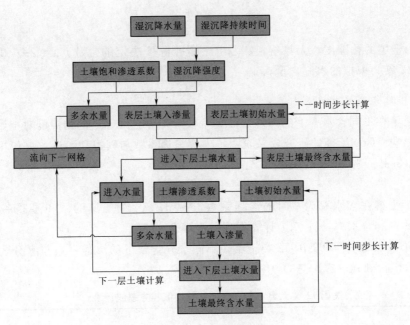

图 3.1-3 入渗模型算法

层土壤初始渗透能力是降雨的季节性因子（降雨时常）与土壤的最大渗透能力的函数，定义详见式（3.1-6）。

$$IC = \frac{K_{sat}}{24/T} \qquad (3.1-6)$$

式中：IC 为土壤初始渗透能力，m/d；K_{sat} 为土壤的饱和渗透系数，m/d；T 为降雨的持续时间，h（默认值是 12h，夏天为 2h，冬天为 4h，降雪为 8h）。

3.1.4.3 重力-疏干矩阵模型

降雨进入表层土壤后，引入 Jury 提出的重力-疏干矩阵模型估算水分在 5 层土壤中的分布[180]，详见式（3.1-7）。

$$D_j = (\theta_{vi} - \theta_{vf})d_j \qquad (3.1-7)$$

式中：D_j 为从 j 层土壤排到 $j+1$ 层土壤的水量，m；θ_{vi} 为初始水分体积含量，%；θ_{vf} 为最终水分体积含量，%；d_j 为第 j 层土壤的厚度，m。

式（3.1-7）中，初始水分体积含量及最终水分体积含量见式（3.1-8）和式（3.1-9）所示。

$$\theta_{vi} = a(b+c)^{\frac{-1}{\lambda}} \qquad (3.1-8)$$

$$\theta_{vf} = a(b+1+\gamma)^{\frac{-1}{\lambda}} \qquad (3.1-9)$$

其中

$$a = \left(\frac{\dfrac{n^{\lambda+1}}{d}}{\lambda K_s \Delta t}\right)^{\frac{1}{\lambda}} \qquad (3.1-10)$$

$$b = \left(\frac{\theta}{ad}\right)^{-n} - \gamma \qquad (3.1-11)$$

$$\lambda = \frac{dn}{\lambda K_s \Delta t} \tag{3.1-12}$$

式中：n 为土壤的孔隙度，无量纲；λ 为由土壤孔隙度决定的常数，$\lambda = 2n + 3$；Δt 为时间步长，d；θ 为模拟的水分含量，%。

3.1.4.4　土壤渗透系数计算

不同土壤在不同含水率下的渗透系数具有较大差异，并且不同的温度对土壤渗透系数也有一定影响。Cosby 等的研究成果表明，土壤渗透系数与其饱和渗透系数和相对含水率存在如式（3.1-13）所示的关系[181]：

$$K = K_s (\theta/\theta_s)^b \tag{3.1-13}$$

式中：K 为土壤在含水率为 θ 时的渗透系数，m/d；K_s 为土壤的饱和渗透系数，m/d；θ_s 为土壤的饱和含水率，%；θ 为计算得到的土壤含水率，%。

1984 年，Cosby 等对美国 12 类土壤在不同水分含量下的渗透系数与水分含量之间做统计分析后，得到式（3.1-13）中的参数，见表 3.1-1。

表 3.1-1　　　　美国 12 类土壤 4 个水力学参数均值和方差统计表[182]

土壤类型	样本数	b		$\log\psi_s$		$\log K_s$		θ_s	
		均值	σ	均值	σ	均值	σ	均值	σ
Sand	124	4.74	1.40	1.15	0.73	−0.13	0.67	43.4	8.8
Loamy sand	14	2.79	1.38	0.84	0.56	0.82	0.39	33.9	7.3
Sandy loam	30	4.26	1.95	0.56	0.73	0.30	0.51	42.1	7.2
Loam	103	5.25	1.66	1.55	0.66	−0.32	0.63	43.9	7.4
Silt loam	394	5.33	1.72	1.88	0.38	−0.40	0.55	47.6	5.4
Silt	104	6.77	3.39	1.13	1.04	−0.20	0.54	40.4	4.8
Sandy clay loam	147	8.17	3.74	1.42	0.72	−0.46	0.59	46.5	5.4
Clay loam	325	8.72	4.33	1.79	0.58	−0.54	0.61	46.4	4.6
Silty clay loam	16	10.73	1.54	0.99	0.56	0.01	0.33	40.6	3.2
Sandy Clay	43	10.39	4.27	1.51	0.84	−0.72	0.69	46.8	6.2
Silty Clay	148	11.55	3.93	1.67	0.59	−0.86	0.62	46.8	3.5
Clay	1448	7.22	3.86	1.59	0.70	−0.42	0.64	45.7	6.1

3.1.5　径流出口算法

3.1.5.1　D8 算法的基本原理

降雨在经过林冠截留、蒸腾蒸发、入渗等过程后，多余水量将通过坡面流进入下一个网格，参与计算。数字高程模型的出现，可以实现河道或排水口的数字化。而本书就采用 D8 模型寻找每个网格单元最终的出口，D8 模型如图 3.1-4 所示。

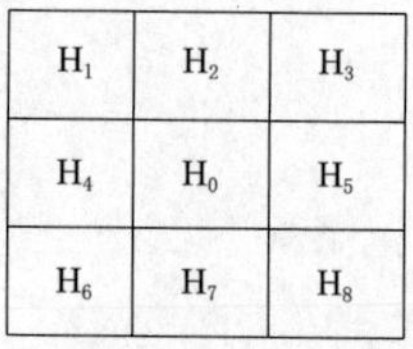

D8 模型是一种单向流动的算法，该算法计算网格与周边 8 个网

H_1	H_2	H_3
H_4	H_0	H_5
H_6	H_7	H_8

图 3.1-4　D8 模型
示意图[182]

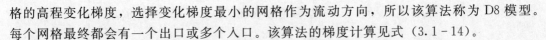

格的高程变化梯度，选择变化梯度最小的网格作为流动方向，所以该算法称为 D8 模型。每个网格最终都会有一个出口或多个入口。该算法的梯度计算见式（3.1-14）。

$$dH=\begin{cases} \dfrac{H_0-H_i}{D} & i=2,4,5,7 \\[2ex] \dfrac{H_0-H_i}{\sqrt{2}\,D} & i=1,3,6,8 \end{cases} \tag{3.1-14}$$

3.1.5.2 改进的 D8 算法

在 D8 算法中，每个网格多余水量最终流向梯度最大的网格。然而现实的坡面流中，水量将流向高程小于中心网格的所有网格。本书基于 D8 算法，按照高程差作为权重系数，将中心网格多余的水量分配至高程小于中心网格的所有网格中[183]。改进 D8 算法的不同之处在于水量按照梯度作为权重系数进行分配，详见式（3.1-15）。

$$w_i=\frac{dH_i}{\displaystyle\sum_{i=1}^{n}dH_i} \tag{3.1-15}$$

式中：n 为高程小于中心网格高程的网格数量，$n\leqslant 8$；w_i 表示网格分配到水量的权重系数，$w_i\leqslant 1$；dH_i 表示网格的梯度，无量纲。

3.1.5.3 凹面的处理

按照改进 D8 算法，DEM 中存在凹面的时候，水量将储存在凹面中，多余水量将不能进入到下一个网格中，但实际情况却是水将凹面填平后将会有新的出口。本书采用将凹面虚拟填充的方式，找到多余水量的出口网格，具体做法如下：①通过 D8 算法计算所有的出口网格；②筛选出①中最终出口网格不是模型边界的出口网格，即凹面的最低点；③将凹面最低点的高程假设为其相邻 8 个网格的最低高程；④重复①、②、③步骤，直至所有的最终出口网格都位于模型边界上。（注：最终出口网格是所有水量都留在该网格，网格没有可流入的下一网格）

D8 算法结果进行处理后，除在边界上的最终出口网格外，其他所有的网格多余的水量都可以流向唯一的下一个网格，作为其流入量的一部分。而模型边界上的最终出口网格，多余的水量作为弃水量，不再参与水平衡计算。

3.1.6 蒸腾蒸发模型

3.1.6.1 蒸腾蒸发计算过程

水循环过程中，地表植被蒸腾蒸发过程是水量损失的主要过程。水分在渗入至深层土壤前，植被蒸腾或地表蒸发过程将水分直接带至大气环境中。计算蒸腾蒸发过程主要包括潜在蒸腾蒸发和地表植被蒸腾蒸发。

3.1.6.2 潜在蒸腾蒸发

1. 普利斯特里-泰勒修正方程

修正的普利斯特里-泰勒修正方程用于计算土壤根部区域每天潜在的蒸腾蒸发和土壤

水分含量[184]。修正的普利斯特里-泰勒修正方程如式（3.1-16）所示。

$$\lambda \cdot PET = \alpha' \frac{s}{s+\gamma}(R_n - G) \tag{3.1-16}$$

式中：λ 为水的气化潜热，MJ/kg；PET 为潜在蒸腾蒸发，mm/d；α' 为 Priestley - Taylor 修正系数，对于自由蒸发面是 1.26，无量纲；s 为饱和蒸汽压-温度斜率，kPa/K；γ 为湿度计算常数，kPa/K；R_n 为净入渗太阳辐射强度，MJ/（m^2 · d）；G 为土壤热量通量，MJ/（m^2 · d）。

2. 气化潜热

式（3.1-15）的左侧是潜热通量，根据 Shuttleworth 的研究[185]，水的气化潜热可以通过式（3.1-17）计算获得：

$$\lambda = 2.501 - 0.002361 T_s \tag{3.1-17}$$

式中：T_s 为水体的表面温度。

3. 蒸汽密度曲线斜率

式（3.1-15）右侧，$s/(s+\gamma)$ 称作蒸汽密度亏损曲线[186]，该曲线可以视为平均日气温的函数，如式（3.1-18）所示。

$$\frac{s}{s+\gamma} = -13.281 + 0.083864 \times TA - 0.00012375 \times TA^2 \tag{3.1-18}$$

式中：所有的参数是根据 Campbell 的研究结果获得；TA 为日均气温，K。

4. 有效能量

式（3.1-15）右侧 $R_n - G$ 表示有效能量，其中 R_n 表示每天的长波辐射输入的能量，是能量平衡的重要组成部分。如果计算的时间步长是 1d，在大多数情况下土壤热量通量 G 近似为 0。所以，有效能量主要受太阳长波辐射影响，其计算见式（3.1-19）。

$$R_n = 3600 \times 5.6697 \times 10^{-8} \times S \times (0.98 - \varepsilon_{ac}) TA^4 (HSTEP) \tag{3.1-19}$$

式中：ε_{ac} 为晴天的反射率，无量纲；TA 为日平均气温，K；$HSTEP$ 为计算每天蒸腾蒸发的时间步长，h。

根据 Campbell 和 Norman 的研究成果[187]，晴天的反射率与日平均温度的平方成正比，所以晴天的反射率可以用式（3.1-20）表示：

$$\varepsilon_{ac} = 9.20 \times 10^{-6} TA^2 \tag{3.1-20}$$

式中：ε_{ac} 为晴天的反射率，%。

3.1.6.3　修正潜在蒸腾蒸发量

1. 大气云层与降雨修正

大气中的云层会增加太阳长波辐射的反射率，使得到达地表输入系统的能量减少，从而减少地表的蒸腾蒸发量。对于降雨（降雨和降雪），也将对地表整体蒸发造成一定影响。本书选择经验公式对地表的潜在蒸腾蒸发进行修订[167]，见式（3.1-21）。

$$PETRS = \frac{PET}{PETADJ(1+PPT)} \tag{3.1-21}$$

式中：$PETRS$ 为大气云层修正后的潜在蒸腾蒸发量，m/d；PET 为潜在蒸腾蒸发量，

m/d；$PETADJ$ 为云量与降雨的经验修正系数，该值通常取 0.16mm^{-1}（$1.6\times10^{-4}\text{m}$）；PPT 为降雨强度（降雨强度与降雪强度），m/d。

2. 放大因子

大气云层和降雨修正潜在蒸腾蒸发量后，还需要对潜在蒸腾蒸发量进行放大或缩小修正。该过程从总量上控制潜在蒸腾蒸发量，修正如下：

$$PET_0 = a_0 PETRS \qquad (3.1-22)$$

式中：PET_0 为最终修正后的潜在蒸腾蒸发量，m/d，用于计算实际蒸腾蒸发量；a_0 为经云层和降雨修正潜在蒸腾蒸发的放大或缩小因子，该值通常为 $1\sim1.34$。

3.1.6.4 地表植被蒸腾蒸发量

前文提到，在计算水平衡过程中，植被根部区域分为 5 层，这里使用修正的 Priestley-Taylor 方程计算每层区域的蒸腾蒸发量。

1. 第一层根区蒸发量计算

修正的 Priestley-Taylor 公式计算裸露土壤的蒸发时，需要首先计算顶部两层（厚度非 0）的蒸发量。对于第一层根区的蒸发量[167]，如式（3.1-23）所示。

$$BSE_1 = a_1 [Barsoil_1 \times (1 - e^{B_1 \Phi_1})](PET_0) \qquad (3.1-23)$$

式中：BSE_1 为第一层根区土壤每天的蒸发量，m/d；$Barsoil_1$ 为土壤裸露系数，即 $1-$ 植被覆盖率，无量纲；Φ_1 为第一层根区土壤的相对饱和度，无量纲；PET_0 为修正的潜在蒸发量，m/d；B_1 为经验系数，通常取 -10；a_1 为局部修正因子，用于模型校正过程中修正第 1 层土壤的实际计算的蒸发量，无量纲，默认值 1。

第一层蒸发量计算完后，剩余的潜在蒸腾蒸发量 PEP_1 通过式（3.1-24）计算。

$$PET_1 = PET_0 - BSE_1 \qquad (3.1-24)$$

式中：PET_1 为扣除第一层土壤蒸发后的潜在蒸腾蒸发量，m/d。

2. 第二层根区蒸发量计算

第二层根区蒸发量的计算与第一层根区蒸发量类似，只是在计算过程中，加入修正因子[167]，详见式（3.1-25）。

$$BSE_2 = a_2 [Barsoil_2 \times (1 - e^{B_2 \times \Phi_2})](PET_1) \qquad (3.1-25)$$

式中：BSE_2 为第 2 层根区土壤每天的蒸发量，m/d；B_2 为经验系数，通常取 -10；Φ_2 为第 2 层根区土壤的相对饱和度，无量纲；$Barsoil_2$ 为土壤裸露系数，通常认为第一层与第二次的值相同，即 $1-$ 植被覆盖率，无量纲；a_2 为局部修正因子，用于模型校正过程中修正第 2 层土壤的实际计算的蒸发量，无量纲，默认值 1。

第二层土壤的蒸发量计算完后，剩余的潜在蒸腾蒸发量 PEP_2 通过式（3.1-26）计算。

$$PET_2 = PET_1 - BSE_2 \qquad (3.1-26)$$

式中：PET_2 为扣除第二层土壤蒸发后的潜在蒸腾蒸发量，m/d。

3. 植被蒸腾量

根据 Priestley-Taylor 方程，表面两层裸露土壤的蒸发计算后，可以计算整个根部区域 5 层土壤的蒸腾量。使用根系密度在这 5 层土壤中的分布作为权重系数和每层土壤水分

的分布模拟根部区域的蒸腾过程。对于表面 5 层根区土壤，其蒸腾量如式（3.1-27）
所示[167]。

$$TRANS_j = WGT_j \times b_1 (1 - e^{SoilET_1 \times \Phi_j}) \times PET_2 \qquad (3.1-27)$$

式中：$TRANS_j$ 为第 j 层根区土壤的日蒸腾量，m/d；WGT_j 为第 j 层根区土壤的权重
系数，无量纲；b_1 为局部修正因子，用于模型校正过程中修正植被的实际蒸腾量（默认
各层植被的修正因子相同），无量纲，默认值 1.04；Φ_j 为第 j 层土壤的相对饱和度，%；
$SoilET_1$ 为经验系数，通常取 -10。

土壤的权重系数根据每层的水分含量及根密度因子进行计算，详见式（3.1-28）。

$$WGT_j = \frac{\theta_j \cdot RD_j}{\sum_{j=1}^{6} (\theta_j \cdot RD_j)} \qquad (3.1-28)$$

式中：θ_j 为网格单元第 j 层土壤的相对饱和度；RD_j 为第 j 层土壤根密度因子。

式（3.1-28）计算得到的权系数如果大于该层的根密度系数，需要将其调整为根密
度系数。

3.1.6.5　实际蒸腾蒸发量

根据 3.1.6.3 计算得到的表层土壤蒸发及植被根系蒸腾量，可以得到实际总的蒸腾蒸
发量，见式（3.1-29）。

$$ET_i = BSE_1 + BSE_2 + \sum_{i=1}^{6} TRANS_j \qquad (3.1-29)$$

式中：ET_i 为第 i 天的蒸腾蒸发总量，m/d。

3.1.7　入渗补给模型

根据 4.1.2 节～4.1.6 节分别提供的计算林冠截留、积雪融雪、径流出口、蒸腾蒸发
的经验公式和 3.1.1 节中的水平衡方程，就可以计算得到式（3.1-1）中入渗量。但是，
该入渗量在下渗到深层土壤形成地下水的过程中，受到深层土壤渗透系数及其剩余储水能
力限制。若计算获得的入渗量大于深层土壤储水能力与其下渗能力之和，则其补给强度为
深层土壤的饱和渗透系数，且多余水量回流至其上层土壤；若入渗量小于深层土壤的储水
能力，则其补给强度为 0，入渗水量用于补充土壤的水分；若入渗量介于前两种情形之
间，入渗水量一部分用于补充土壤水分至饱和，多余部分则补给深层地下水。该过程如式
（3.1-30）所示。

$$Rech = \begin{cases} K_s & D \geqslant K_s T + V(\theta_s - \theta) \\ K & V(\theta_s - \theta) < D < K_s T + V(\theta_s - \theta) \\ 0 & D \leqslant V(\theta_s - \theta) \end{cases} \qquad (3.1-30)$$

其中，$K = \dfrac{D - V(\theta_s - \theta)}{TS}$。

式中：$Rech$ 为深层地下水的补给强度，m/d；K_s 为饱和土壤的渗透系数，m/d；D 为排
水量，m³；θ 为深层土壤含水率，%；V 为计算单元的体积，m³；T 为计算的时间步长，

d；θ_s 为深层土壤的饱和含水率，%；K 为非饱和土壤的渗透系数，m/d；S 为计算单元的面积，m^2。

3.2 入渗补给物理过程模拟

3.2.1 IGW 介绍

IGW 软件是 Interactive Groundwater 的简称，由 Michigan State University 多尺度模拟与实时计算重点实验室 Shuguang Li 教授团队研发的一款地下水数值模拟软件。该软件集成水文学、数值计算方法、计算机科学、可视化技术、图像处理技术及 ArcGIS 计算等方面的最新研究成果，具有实时、统一的确定性和随机性的特征。IGW 具有如下的功能：

（1）建立概化模型：在模型构建，模拟和分析的任何时候，任何区域的含水层范围、属性等的图形化设置和编辑。

（2）实时水流和溶质运移模拟：确定/随机的实时水流模拟和可视化。系统和随机波动的水流中的实时粒子跟踪、随机游走和运移模拟；沿线、多边形和水井周围的图形化释放颗粒，实时前向/后向有弥散/无弥散的颗粒追踪，粒子与浓度团之间实时转化。

（3）实时层次模拟：层次子模型可以实现"放大"效果而无需求解大矩阵系统；动态耦合"父"模型与"子"模型；实时多尺度水流和溶质运移模型的可视化。

（4）实时随机模拟：条件/非条件的水文地球化学属性模拟；探索性分析；多尺度克里金法和随机场生成；实时条件蒙特卡罗模拟等。

（5）实时 GIS 绘图：内置 GIS 制图，自动将 GIS 图元转换为模型要素，自动定制 GIS 叠加模型等。

（6）实时模型分析：指定区域的水流和溶质均衡分析；实时监测模型在光标位置输入/输出；均值，标准差，协方差的实时可视化等。

3.2.2 GIS/Google Map（Earth）交互界面

数据驱动是 IGW 的一个强大功能。IGW 有一个 GIS/Google Map（Earth）的交互接口，可以存取 GIS 的 .shp 文件、Google Map（Earth）的 .kml 等文件，并可将其转化为 IGW 模型的对象文件。IGW 的服务器内，存储有密歇根州的数字高程数据（DEM）、土地覆盖数据、含水层底板高程数据、降雨补给数据等，模型初始化过程中，可从服务器读取所需要的数据[188]。

IGW 的 GIS/Google Map（Earth）交互接口功能叙述如下：

（1）导入 GIS 的 .shp 文件、Google Map（Earch）的 kml 文件或特定格式的坐标文件等，并将其转化为地下水数值模拟过程中的对象文件，如点、线、面。

（2）将 IGW 服务器储存的参数路径传递给相应对象文件，如数字高程数据、土地覆盖数据、基岩顶板高程、降雨补给数据、气温数据等。

（3）与 USGS 的数据交互，通过在线与 USGS 实现地下水位、地表水流量及水位的在线共享。

3.2.3　入渗补给模块

　　IGW 的入渗补给模块中，提供降雨、温度、土地利用类型与覆盖、植被根区厚度、土壤类型、积雪融雪、蒸腾蒸发等参数输入。IGW 的入渗补给模块的主要功能叙述如下：

　　（1）降雨与气温提供常数、气象站点、光栅数据格式。常数格式就是将对象的降雨量或气温定义为常数；气象站点格式需要输入气象站点的信息与降雨、气温信息两个文件，气象站点的信息包括气象站坐标与高程，而降雨、气温信息需输入每个气象站点的逐日降雨量、气温；光栅数据格式可以通过 IGW 服务器直接读取，也可以将光栅格式数据导入到 IGW。除此以外，降雨还需要提供四季的每场降雨的时间输入，用来调整降雨强度。

　　（2）土地利用类型与覆盖参数提供常数与光栅图像两种格式的参数输入。常数输入只是直接将对象的曼宁系数、储存厚度、林冠截留、根区分层及厚度等信息定义为常数；光栅图像格式是导入载有土地利用类型和植被覆盖类型信息的光栅文件，通过 Lookup Table 中的 Land use and cover 表格在离散过程中对模拟单元分配参数。

　　（3）植被根区厚度数据提供常数、光栅图像和导入文件 3 种输入方式。与土地利用类型与植被覆盖一样，根区厚度也提供常数输入，将对象的根区厚度定义为常数；光栅图像输入是从 IGW 数据库中，导入从 USDA 的 STATSGO 数据库提取的根区厚度参数；导入文件输入是通过导入载有根区厚度的 raster 文件，在离散过程中将根区厚度参数分配给模拟单元。

　　（4）土壤类型参数提供常数、光栅图像及导入文件 3 种格式的参数输入。常数输入只是直接将对象的饱和渗透系数、孔隙度、土壤初始水分含量、土壤的砂粒、黏粒及粉粒的比例、土壤裸露系数等信息定义为常数；光栅图像格式是从 IGW 数据库中，导入从 USDA 数据库提取出的土壤组成数据，通过 Lookup Table 中的 Soil Type 表格在离散过程中对模拟单元分配参数；导入文件输入是通过导入载有土壤类型或组成的 raster 文件，在离散过程中根据土壤类型或其组成将参数分配给模拟单元。

　　（5）积雪融雪提供融雪与升华两组参数输入。融雪在冬至前后分别设置 2 组融雪参数；升华提供升华参数输入。

　　（6）蒸腾蒸发提供常数、Pan Gauges 和 Priestly - Taylor 方程 3 组选择方式。常数输入就是将对象的蒸腾蒸发量定义为一个常数；Pan Gauges 和 Priestly - Taylor 方程是两种计算蒸腾蒸发的经验方法。除此以外，还输入云遮盖的修正因子以及蒸腾蒸发的放大因子。

3.3　衰退曲线位移模型

　　衰退曲线位移模型是众多使用径流估算基流方法中应用较多的方法。1964 年，Rorabaugh 首次提出该方法，它是利用基流衰退符合单指数衰退特征的规律[189]。该方法可以估算每一次降雨过程或洪水过程总补给量或补给强度。1999 年，Arnold 和 Allen 使用该方法研究美国 Iilinois、Connecticu、Maryland 和 Pennsylvania 的六条河流的地下水补给强度，其结果与水均衡法（水均衡法中其他水量都通过野外测量获得）估算的地下水补给强度基本一致[190]。

衰退曲线位移模型具有一定的可信度，且其可以估算多年月平均地下水补给强度，因此可将该方法估算的地下水多年月平均补给强度用于入渗补给物理过程模型月时间尺度上的参数校正。

3.3.1 模型计算流程

衰退曲线位移模型主要分为四个部分：①对每天的径流资料进行滤波处理，将具有高频特征的直接径流过滤；②根据基流的衰退特征，计算每一个降雨事件的补给量；③根据每个降雨事件的补给量与其对应的时间，将降雨分配至每个月，并计算出多年月平均的补给量[191]；④将多年月平均补给量除以径流站点控制集水面积，得到该区域多年月平均补给强度。衰退曲线位移补给模型计算流程如图 3.3 - 1 所示。

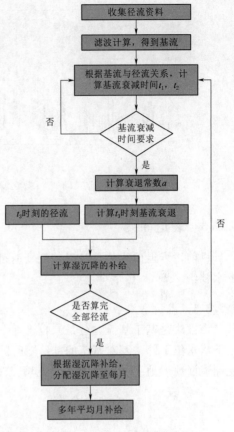

图 3.3 - 1　衰退曲线位移补给
模型计算流程图

3.3.2 数字滤波模型

19 世纪，Nathan 和 McMahon 数字滤波技术分析最初用于处理数字信号，1995 年该方法被用于径流分割[139]。虽然该方法没有真实的物理过程作为基础，但其客观性和可复制性受到众多学者关注。一般而言，直接径流包含的信息较多，受降雨直接影响，具有高频信号的特征；而基流来自于地下水补给，不直接受降雨的影响，具有低频信号特征。在径流中，过滤掉高频信号后（降雨等影响部分）可以得到基流，见式（3.3-1）：

$$q_t = \beta q_{t-1} + (1+\beta)(Q_t - Q_{t-1}) \tag{3.3-1}$$

式中：q_t 为滤波技术滤掉的径流中高频特征的流量，$\mathrm{m^3/d}$；Q_t 为原始径流数据，$\mathrm{m^3/d}$；β 为滤波参数，无量纲，经验研究表明 $\beta = 0.925$。

式（3.3-1）中，若计算得到的径流中具有高频特征的流量小于 0，其结果为 0。根据式（3.3-1）计算的结果及径流数据，基流可以用式（3.3-2）计算。

$$b_t = Q_t - q_t \tag{3.3-2}$$

式中：b_t 为基流，$\mathrm{m^3/d}$。

滤波法计算的典型站点的基流如图 3.3-2 所示。

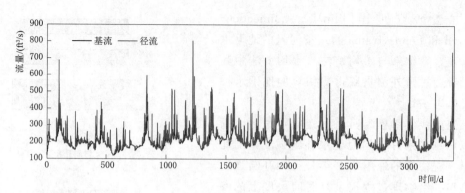

图 3.3-2　数字滤波法计算的基流结果示意图

3.3.3　衰退曲线

目前，衰退曲线位移法以基流衰退符合指数衰减为基础，计算两个基流峰值间总的地下水补给。

3.3.3.1　基流衰退曲线

该方法是基于基流完全是来自于地下水补给，不受其他因素影响的假设。因此，随着地下水水位下降，其对基流的补给随时间增长呈指数下降，最终衰减至 0。基流的该特征受到流域地形地貌、排泄方式、土壤及地质构成等因素影响，基流衰退的过程可以用式 (3.3-3) 表示[192]。

$$Q_t = Q_0 e^{-at} \qquad (3.3-3)$$

式中：Q_t 为衰退后 t 时刻的基流，m^3/s；Q_0 为发生衰退时的基流，m^3/s；t 为以发生衰退为 0 点的时间点，d；a 为流域的衰退常数，d^{-1}。

3.3.3.2　衰退曲线位移法

1. 洪水水文过程线

图 3.3-3 显示的一次降雨后，基流对数的衰退曲线变化。通常，水文过程线的峰值主要是由坡面流、降雨或地下水补给等导致的。通过研究洪水水文过程线可发现，坡面流在洪水峰值发生一段时间后将消失，径流可以完全视为基流。本书采用 Linsley 等提出的方法计算坡面流消失时间[193]，如式 (3.3-4) 所示。

$$D = \alpha A^{0.2} \qquad (3.3-4)$$

式中：D 为洪水峰值至坡面流消失的时间，d；α 为流域系数，单位转换系数为 0.827；A 为流域面积，km^2。

2. 修正的衰退曲线位移法

衰退曲线位移法可分为季节性衰退曲线位移法和衰退曲线位移法。季节性衰退曲线位移法又称为 Meyboom 方法[192]，该方法有两个基本前提条件：①研究区域内没有大坝或其他的径流管理；②该方法忽略了融雪对径流的贡献。它的缺点是至少需要两个季节的径流观测数据。目前，该方法主要用于估算流域季节性的地下水补给。

衰退曲线位移法主要用于估算每场降雨的地下水补给。根据基流衰退过程线〔式

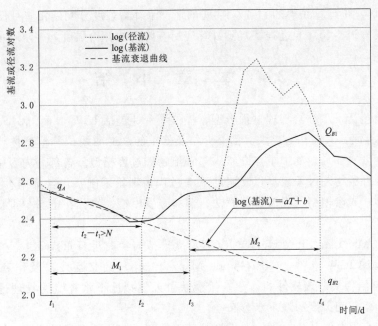

图 3.3-3　衰退曲线位移法示意图

(3.3-3)]，在相邻两场降雨间的时间段内，基流与时间存在指数关系。该方法假设[192]：①地下水补给是瞬时发生的；②地下水补给在流域范围内均匀分布；③地下水排泄经渗漏或泉排泄到河流形成径流。

本书采用修正的衰退曲线位移法，其具体步骤如下：

（1）用数字滤波法过滤一次径流量，将其中频率较高的流量去掉，得到基流。

（2）找到基流与径流相等的时刻 t_1，发生降雨的时刻 t_2（如图 3.3-3 所示），根据式（3.3-5）计算基流的衰退常数。

$$a = In(q_N/q_A)/N \tag{3.3-5}$$

式中：a 为基流的衰退系数；q_N 为降雨补给前，t_1 时刻的径流量，$\mathrm{m^3/d}$；q_A 为降雨补给 t_2 时刻的径流量，$\mathrm{m^3/d}$；N 为衰退时间，由式（3.3-4）确定，d。

（3）找到经过一场雨补给后，下一个基流等于径流的时刻 t_3。

（4）根据补给前基流的衰退曲线，外推得到没有补给情况下 t_2 时刻的基流量，外推见式（3.3-6）。

$$q_{B2} = \frac{q_A}{e^{(nd \times a)}} \tag{3.3-6}$$

式中：q_{B2} 为发生降雨前基流外推至 t_3 时刻的值，$\mathrm{m^3/s}$；nd 为 t_1-t_3 时间段内，基流衰退的天数，d。

（5）计算在 t_1-t_2 期间地下水的补给量；

在这个降雨周期内，地下水补给强度按照式（3.3-7）进行计算。

$$R = 0.0372(q_A - q_{B2})nd/A \tag{3.3-7}$$

式中：R 为该降雨引起的地下水补给强度，$\mathrm{m/d}$；A 为流域面积，平方英里。

（6）将（6）步计算获得的 t_1-t_2 期间的地下水补给强度分配到相应月份。

（7）重复（1）～（6）的过程，直到计算完所有降雨的补给强度，并求均值。

3.4　本　章　小　结

本章主要包括入渗补给物理过程模型、模拟平台［包括 IGW 界面、GIS/Google Map（earth）交互界面、入渗补给模块界面］介绍及修正的衰退曲线位移模型估算地下水多年月平均补给强度三部分。其中重点介绍入渗补给物理过程模型。各部分内容叙述如下：

（1）入渗补给物理过程模型以降雨的下渗过程为理论基础，包含降雨林冠截留模型、积雪融雪模型、入渗模型、径流出口算法、蒸腾蒸发模型、水分在土壤中重新分配的模型及补给模型等。

（2）介绍 Michigan State University 多尺度模拟与实时计算重点实验室 Shuguang Li 教授团队研发的 IGW 软件、GIS/Google Map（Earth）的交互接口及作者参与开发的 IGW 的入渗补给模块。该软件的入渗补给模块可以模拟地下水补给的物理过程，可获取多时间尺度、多空间尺度的地下水分布。

（3）介绍衰退曲线位移模型。该模型是基于数字滤波和基流衰退理论，使用数字滤波从日地表径流中分离出日基流量；根据基流衰退曲线特征，估算每一个降雨过程的地下水补给强度；将估算的每场降雨过程地下水补给强度分配到具体月份，并统计得到地下水多年月平均补给强度；Arnold 和 Allen 采用水平衡法证实衰退曲线位移模型的准确性，本书将采用该方法估算流域的地下水多年月平均补给强度，用于校正降雨入渗补给物理过程模型的参数。

参　考　文　献

[177]　John I. P. Rainfall interception by bracken in open habitats Relations between leaf area，canopy storage and drainage rate ［J］. Journal of Hydrology，1989，105（3-4）：317-334.

[178]　Anderson E. A. A point energy and mass balance model of snow cover ［R］. U. S. Department of Commerce，National Weather Servive，1976.

[179]　Neitsch S. L.，Arnold J. G.，Kiniry J. R. Soil and water assessment tool theoretical documentation version 2009 ［R］. Texas Water Resources nstitute Technical Report，2011.

[180]　Jury W. A.，Wang Z.，Tuli A. A conceptual model of unstable flow in unsaturated soil during redistribution ［J］. Vadose Zone Journal，2003，2（1）：61-67.

[181]　Cosby B. J.，Hornberger G. M.，Clapp R. B.，et al. A Statistical Exploration of the Relationships of Soil Moisture Characteristics to the Physical Properties of Soils ［J］. Water Resources Research，1984，20（6）：682-690.

[182]　O'Callaghan J.，Mark D. M. The extraction of Drainage networks from Digital Elevation Data ［J］. Computer Vision，Graphics，and Image Processing，1984，28（3）：323-344.

[183]　David G. T. A new method for the determination of flow directions and upslope areas in grid digital

elevation models [J]. Water Resources Research, 1997, 33 (2): 309 – 319.

[184] Flint A. L. , Childs S. W. Use of the Priestley – Taylor evaporation equation for soil water limited conditions in a small forest clearcut [J]. Agricultural and Forest Meteorology, 1991, 56 (3): 247 – 260.

[185] Shuttleworth J. W. Evaporation, in Mainment, Handbook of hydrology [M]. New York, McGraw Hill, 1993.

[186] Campbell G. S. An introduction to environmental biophysics [M]. New York, Springer – Verlag, 1977.

[187] Campbell G. S. , Norman J. M. An introduction to environmental biophysics (2d ed.) [M]. New York, Springer, 1998.

[188] Li S. G. , Liu Q. Interactive Ground Water (IGW) [J]. Environmental Modelling & Software, 2006, 21 (3): 417 – 418.

[189] Rorabaugh M. I. Estimating Changes in Bank Storage and Groundwater Contribution to Streamflow [J]. International Association of Scientific Hydrology, 1964, 63: 632 – 441.

[190] Arnold J. G. , Allen P. M. Automated methods for estimating baseflow and ground water recharge from streamflow records [J]. Journal of the American Water Resources Association, 1999, 35 (2): 411 – 424.

[191] Arnold, J. G. , Allen, P. M. , Muttiah, R. , et al. Automated Base Flow Separation and Recession Analysis Techniques [J] . Ground Water, 1995, 33 (6), 1010 – 1018.

[192] Meyboom, P. Estimating groundwater recharge from stream hydrograph [J]. Journal of Geophysical Research, 1961, 66 (4): 1203 – 1214.

[193] Linsley R. K. , Jr Kohler M. A. , Paulhus J. L. H. Hydrology for engineers (3rded) [M]. New York, McGrwa Hill, 1982.

第4章 模型数据处理方法

本章将介绍第3章设计模型所必需参数（例如日降雨、日气温、土壤组成、植被根厚度、土地覆盖等）的收集、处理，并构建相应数据库；介绍数据驱动模型的原理。数据库与数据驱动模型关联，离散化概念模型后，可根据网格位置及模型参数需求从数据库中直接读取相应参数。

4.1 气象数据处理

本书所用到的气象数据类型主要有日降雨数据和日气温数据，其中气温数据包括日最高气温及日最低气温。该数据来自于美国国家气象数据中心（NCSC，National Climatic Data Center）。美国密歇根州的气象观测站有351个，降雨观测站共有857个，站点分布如图4.1-1所示。

由图4.1-1可知，站点在密歇根州下半岛 Grand River 流域和密歇根州东南部分布较多，在其他流域分布较为均匀。

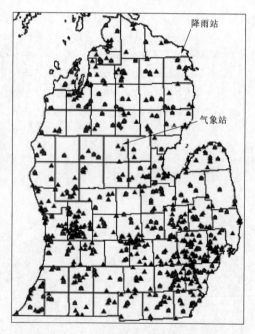

4.1.1 多年月平均气象数据处理

所选择的降雨观测站点均匀分布在美国密歇根州下半岛，而模拟过程采用栅格网格，对于每个网格的降雨采用距离插值法计算获得。在采用距离插值前，使用线性回归方法，估计高程与月平均降雨之间的关系[194]，如式（4.1-1）所示。

$$E_m^i = A_m (ELEV^i)^2 + B_m (ELEV^i) + C_m$$

$$(4.1-1)$$

图 4.1-1 美国密歇根州气象观测站及
降雨观测站分布图

式中：E_m^i 为第 i 个网格 m 月估计的月平均的气候变量（包括降雨、最高气温、最低气温）；A_m，B_m，C_m 为每个月的回归模型系数，通过降雨观测站或气象观测站的高程，回归分析后得到；$ELEV^i$ 为第 i 个网格的高程，m（通过 DEM 获得）。

4.1.2 降雨数据处理

降雨插值过程中，使用距离平方倒数作为权重系数。首先计算每个网格与气象站（降雨观测站或气象观测站）的距离倒数平方和[195]，详见式（4.1-2）。

$$w_i^k = \frac{(1/d^k)^2}{\sum\limits_{k=1}^{ST} 1/(d^k)^2}$$ (4.1-2)

式中：w_i^k 为计算第 i 个网格时，第 k 个气象站的权重系数，无量纲；ST 为气象站数量；d^k 为模拟网格与第 k 个气象站之间的距离，km。

计算完权重系数后，综合考虑观测点与预测点的月平均降雨量，根据观测点每天降雨数据计算降雨的空间分布，如式（4.1-3）所示。

$$Pre_d^i = \sum_{k=1}^{ST} \left(w_i^k \frac{Pre_m^i}{Pre_m^k} X_d^k \right)$$ (4.1-3)

式中：Pre_d^i 为第 i 个网格第 d 天的日平均降雨预测结果，mm；w_i^k 为每个气象站的权重系数，无量纲［根据式（4.1-2）计算获得］；Pre_m^i 为第 i 个网格第 m 月估计的月平均降雨，mm；Pre_m^k 为第 k 个气象站第 m 月的月平均降雨，mm；X_d^k 为第 k 个气象站第 d 天的降雨；ST 为降雨站个数。

假设降雨测量仪器的最小测量值为 0.254mm（即 0.01 英寸），所以根据式（4.1-3）插值计算得到的降雨若小于 0.254mm，该插值点的降雨为 0。

根据 857 个降雨观测点的降雨数据，使用上述方法插值计算获得美国密歇根州下半岛 1980 年 1 月 1 日至 2013 年 12 月 24 日共 34 年的累计降雨分布，如图 4.1-2 所示。从图 4.1-2 可知，在该时段内密歇根州下半岛累计降雨分布可划分为 3 个区域，东北部少雨区、西南部多雨区及其他区域。东北部少雨区

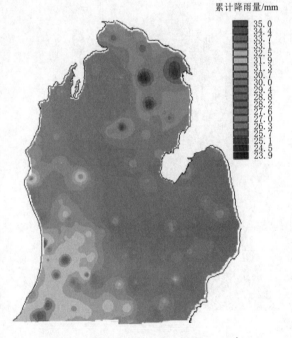

累计降雨量/mm

图 4.1-2　1980 年 1 月 1 日至 2013 年
12 月 24 日累计降雨分布图

34 年的累计降雨量为 23.9～27.0m；西南部多雨区的累计降雨量为 31.9～35.0m；其他区域的累计降雨量为 27.6～31.3m，该区域存在局部多雨或少雨的地方。

综上所述，研究区域内降雨变化的规律性较强。

4.1.3　气温数据处理

与降雨类似，最高、最低气温也是通过类似式（4.1-3）插值获得[196]，详见式（4.1-4）。

$$T_d^i = \sum_{k=1}^{ST} \{ w_i^k [(T_m^i - T_m^k) + X_d^k] \}$$ (4.1-4)

式中：T_d^i 为第 i 个网格第 d 天的最高或最低气温预测结果，℃；w_i^k 为每个气象站的权重系数，无量纲［根据式（4.1-2）计算获得］；T_m^i 为第 i 个网格第 m 月估计的最高或最低气温，℃；T_m^k 为第 k 个气象站第 m 月估计的最高或最低气温，℃；X_d^k 为第 k 个气象站第 d 天的最高或最低气温，℃。

　　在计算过程中，每个网格每天的平均气温通过网格每天的最高和最低气温计算（平均）；如果某个气象站没有气温资料，则不参与插值计算。

　　根据 351 个气象站提供的气温资料，使用上述方法插值获得 2013 年 12 月 24 日密歇根州下半岛最高、最低气温的分布情况，如图 4.1-3 所示。无论最高还是最低气温，都满足"纬度越高气温低"这一基本规律。最低气温主要分布在纬度最高的麦基若水道线附近。在底特律、兰辛市、大急流城等人口集中的地区，最高、最低气温普遍高于周边或同纬度地区气温，这主要是因为城市热岛效应，使得人类活动频繁区域的气温偏高。

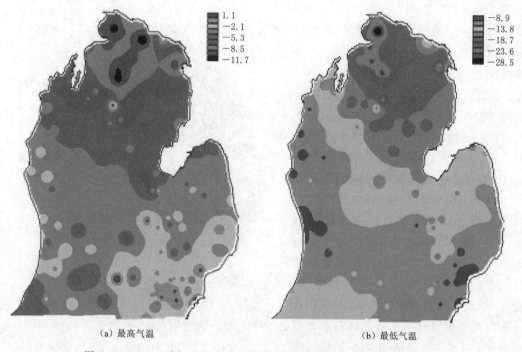

（a）最高气温　　　　　　　　　　　　　　　　（b）最低气温

图 4.1-3　2013 年 12 月 24 日密歇根州下半岛最高、最低气温分布图

4.2　土　壤　数　据　处　理

4.2.1　土壤组成数据

4.2.1.1　土壤组成数据来源

　　根据美国农业部（USDA，United States Department of Agriculture）发布的土壤调查数据，将土壤组分分为黏粒（Clay）、砂粒（Sand）和粉粒（Silt）三部分。该土壤调查

数据以 GIS 数据库的形式发布，其中包含众多信息，每个多边形由多层土壤成分信息组成。因 USDA 提供的单个数据文件多达上千万行信息，因此，本书在数据处理过程中，首先分批读取 GIS 数据库关联表，将每个文件中每个区域的识别号、各区域每层土壤的组分（砂粒、粉粒、黏粒）及厚度提取出来，然后以各多边形每层土壤的厚度为权系数进行加权处理，详见式（4.2-1）。

$$
\begin{cases}
Clay_j = \dfrac{\sum\limits_{i=1}^{n} h_{i,j} \times Clay_{i,j}}{\sum\limits_{i=1}^{n} h_{i,j}} \\[6mm]
Sand_j = \dfrac{\sum\limits_{i=1}^{n} h_{i,j} \times Sand_{i,j}}{\sum\limits_{i=1}^{n} h_{i,j}} \\[6mm]
Silt_j = 1 - Clay_j - Sand_j
\end{cases}
\tag{4.2-1}
$$

式中：$Clay_j$ 为第 j 个区域中黏粒的加权百分比，%；$Clay_{i,j}$ 为第 j 个区域中第 i 层土壤中黏粒百分比，%；$Sand_j$ 为第 j 个区域中砂粒的加权百分比，%；$Sand_{i,j}$ 为第 j 个区域中第 i 层土壤中砂粒百分比，%；$Silt_j$ 为第 j 个区域中粉粒的加权百分比，%；$Silt_{i,j}$ 为第 j 个区域中第 i 层土壤中粉粒百分比，%；$h_{i,j}$ 为第 j 个区域中第 i 层土壤的厚度，m；n 为第 j 个区域中土壤分层。

　　USDA 发布的土壤调查数据库中，在城市地区（比如位于东南部的底特律市和中部的兰辛市）和湖泊等不能进行土壤组分测量的区域，土壤组成未知。为了保证数据完整性与一致性，根据水泥地和湖泊地区的地下水补给情况，将其组分分别定义为渗透性小的重黏土和渗透性中等的粉壤土。

　　USDA 发布的土壤调查数据经式（4.2-1）处理后，获得基于 GIS 的土壤黏粒、沙粒及粉粒组成，如图 4.2-1 所示。由图 4.2-1 可知，在密歇根州下半岛北部、西部，除少许地方外，黏粒和粉粒含量都为 1%～10%，而砂粒含量超过 80%；研究区域东部与东南部，黏粒含量普遍为 18%～34%，粉粒与砂粒为 27%～36%；研究区域西南部，黏粒含量为 8%～28%，砂粒含量超过 60%，粉粒含量为 10%～20%。

4.2.1.2 土壤分类

1. 土壤分类标准

　　土壤的渗透系数、土壤孔隙度、土壤吸水曲线等与土壤构成密切相关。通过加权处理获得各区域土壤构成后，根据砂粒、黏粒、粉粒含量对土壤进行分类，以间接求得与土壤类型相关的特征参数。国际制土壤质地分类方法是目前较为常用的土壤分类法，其分类标准包含国际制、美国制和 FAO 制三大类[197]。其中，国际制与美国制都将土壤分为12 类，而 FAO 制土壤质地分类只有细质地、中质地和粗质地三大类。

　　国际制土壤质地分类标准中，根据黏粒含量将质地分为三类：黏粒含量小于 15% 为砂土类、壤土类；黏粒含量 15%～25% 为黏壤土类；黏粒含量大于 25% 为黏土类；根据粉、

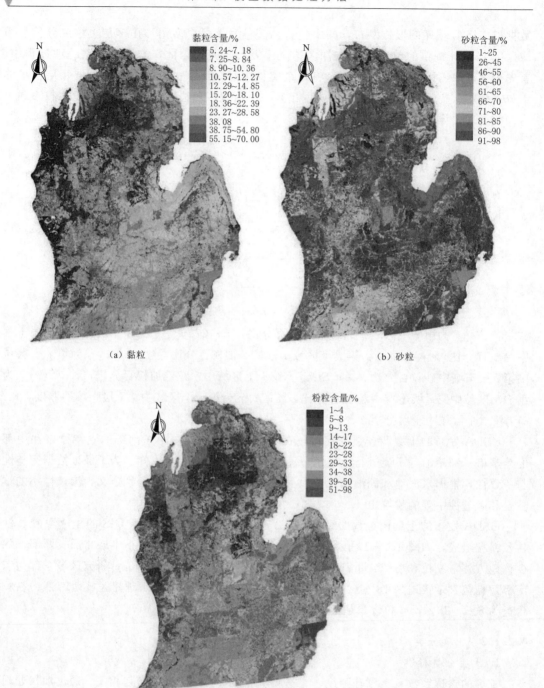

（a）黏粒　　　　　　　　　　　　　　（b）砂粒

（c）粉粒

图 4.2-1　密歇根州下半岛土壤黏粒、砂粒、粉粒含量分布图

砂粒含量，凡粉粒含量大于 45% 的，在质地名称前冠 "粉砂质"；根据砂粒含量，凡砂粒含量大于 55% 的，在质地名称前冠 "砂质"[198]。国际制土壤质地分类标准如图 4.2-2 所示。

美国制土壤质地分类标准与国际制土壤质地分类标准类似，只是土壤分类界限略有差

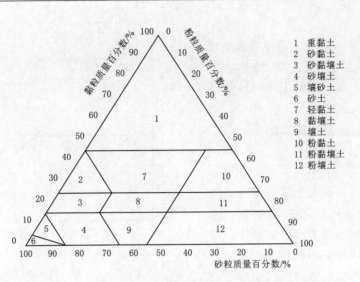

图 4.2-2　国际制土壤质地分类标准[199]

别，美国制土壤质地分类标准如图 4.2-3 所示。USDA 将细土质地分为黏土、粉黏土、砂黏土、黏壤土、粉黏壤土、砂黏壤土、壤土、粉壤土、粉、砂壤土（可细分为极细砂壤土、细砂壤土、粗砂壤土）、壤砂土（可细分为壤质极细砂土、壤质细砂土、壤质粗砂土）、砂土（极细砂土、细砂土、粗砂土）等类型。采用美国制土壤质地分类三角表，将土壤分为黏土、粉黏土、粉黏壤土、砂黏土、砂黏壤土、黏壤土、粉、粉壤土、壤土、砂土、壤砂土、砂壤土共 12 类[199]。

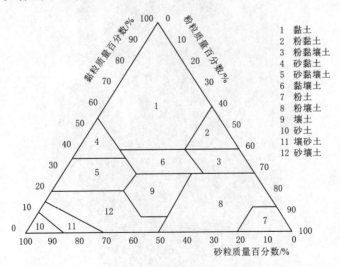

图 4.2-3　美国制土壤质地分类标准

2. 土壤分类的实现

为方便读者对土壤分类有更好的理解，都采用图 4.2-3 中的三角形分类标准对土壤进行分类。为直接根据土壤组分对土壤类型进行分类识别，根据图 4.2-3 中的分类标准，按照黏粒和砂粒的含量进行二维表达，如图 4.2-4 所示（两个图不会影响土壤分类结果）。

图 4.2-4 中，各类土壤都是以黏粒
与砂粒含量的二维表达式作为分类标
准。根据 4.2.1 部分所得土壤的砂粒及
黏粒含量，就可判断其分布在图 4.2-4
中的土壤类型，从而实现其分类。

4.2.2　土壤类型

密歇根州下半岛的土壤类型分布如
图 4.2-5 所示。由图 4.2-5 可知，密
歇根州下半岛的土壤类型以壤砂土、砂
土、粉壤土、砂壤土四类土壤为主。研
究区域北部、西部及西南部以壤砂土与
砂土为主，夹杂部分砂壤土；研究区域

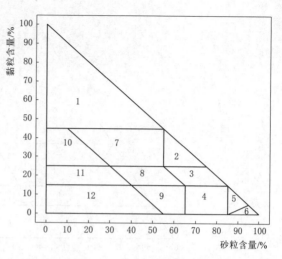

图 4.2-4　美国制土壤质地分类
标准（黏粒与砂粒为变量）

东部以砂壤土为主，夹杂部分壤土；研究区域东南部，以黏壤土为主，但其中夹杂部分
砂土。

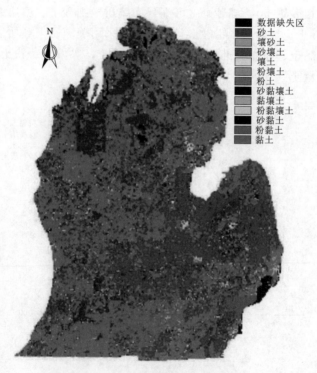

图 4.2-5　密歇根州下半岛土壤类型分布图

为了定量描述研究区域的土壤类型，便于模型校正阶段更有针对性地调整各类土壤的
参数，将研究区域剖分为 220×277 的网格后，从中提取出每个网格土壤的类型。统计所
有网格土壤类型，得到各类土壤的网格数量由大至小依次是"砂壤土（Sandy loam）、粉

壤土（Silt loam）、壤砂土（Loamy sand）、砂土（Sand）、黏壤土（Clay loam）、黏土（Clay）、砂黏壤土（Sandy clay loam）、壤土（Loam）、粉黏壤土（Silty clay loam）、粉土（Silt）"。密歇根州下半岛土壤类型分布如图 4.2-6 所示。

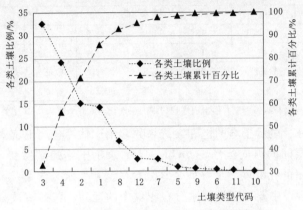

图 4.2-6　密歇根州下半岛土壤类型分布图

由图 4.2-6 可知，密歇根州下半岛的土壤类型包括砂壤土、粉壤土、壤砂土、砂土、黏壤土、黏土、砂黏壤土、壤土、粉黏壤土及粉土共 10 类土壤。其中砂壤土、粉壤土、壤砂土、砂土 4 类土壤的累计百分比达到 85.95%，其分别占密歇根州下半岛的 32.52%、24.02%、15.05% 及 14.35%。剩余的 6 类土壤中，黏壤土、黏土、砂黏壤土的比例分别为 6.72%、2.64% 和 2.60%。

砂壤土、粉壤土、壤砂土、砂土、黏壤土、黏土及砂黏壤土 7 类土壤类型的累计百分比达到 97.88%，其中前 4 种的累计百分比达到 85.95%。因此，模型大尺度校正过程中，主要调整前 4 类土壤的相关参数；基于大尺度校正的参数（前 4 类土壤类型参数），通过调整后 3 类土壤参数校正流域尺度的模型参数。

4.2.3　基于土壤组成衍生数据

读取完土壤类型参数后，土壤的饱和渗透系数、孔隙度、最终残余水分含量等与土壤类型密切相关的参数都可以通过经验公式或表 4.2-1 获得。表 4.2-1 中提供了各类土壤的饱和渗透系数、基质势、孔隙度、最终残余水分含量及 Brooks-Corey 孔径分布参数等。表 4.2-1 主要用于计算植被的蒸腾蒸发量、土壤的水分特曲线、土壤水分重新分配情况等。

表 4.2-1　　　　　土 壤 特 性 表[200-202]

类型代码	英文名称	名称	K_s /(cm/h)	Hav /cm	θ_s	θ_r	θ_0	θ_c	λ
1	Sand	砂土	23.56	4.6	0.417	0.020	-1	0.033	0.694
2	Loamy sand	壤砂土	5.98	6.3	0.401	0.035	-1	0.055	0.553
3	Sandy loam	砂壤土	2.18	12.7	0.412	0.041	-1	0.095	0.378
4	Silt loam	粉壤土	1.32	10.8	0.434	0.027	-1	0.117	0.252
5	Loam	壤土	0.68	20.3	0.486	0.015	-1	0.133	0.234
6	Silt	粉土	0.68	20.3	0.486	0.015	-1	0.133	0.234

类型代码	英文名称	名称	K_s /(cm/h)	Hav /cm	θ_s	θ_r	θ_0	θ_c	λ
7	Sandy clay loam	砂黏壤土	0.3	26.3	0.330	0.068	−1	0.148	0.319
8	Clay loam	黏壤土	0.2	25.9	0.390	0.075	−1	0.197	0.242
9	Silty clay loam	粉黏壤土	0.15	34.5	0.432	0.040	−1	0.208	0.177
10	Sandy Clay	砂黏土	0.12	30.2	0.321	0.109	−1	0.239	0.233
11	Silty Clay	粉黏土	0.09	37.5	0.423	0.056	−1	0.250	0.150
12	Clay	黏土	0.06	40.7	0.385	0.090	−1	0.272	0.165

注：表中的类型代码是入渗补给物理过程模型程序代码中的识别代码，并非图4.2-1中的土壤类型代码。

表4.2-1中，K_s 表示土壤的饱和渗透系数，用于估算各层土壤中的渗透系数，从而控制水分在各土壤层间的纵向运动，cm/d；Hav 表示土壤的基质势，cm；θ_s、θ_r、θ_0、θ_c 和 λ 分别表示土壤的孔隙度、最终残余水分含量、初始水分含量及 Brooks-Corey 孔径分布参数等，无量纲，主要用于计算水分在土壤中的运动，包括植被蒸腾蒸发等。

4.3　土　地　覆　盖

4.3.1　土地覆盖数据来源

土地覆盖数据来自于 USDA 自然资源保护局（NRCS）STATSGO 数据库。该数据库提供 Tif 格式的数据文件。密歇根州下半岛土地覆盖分布如图4.3-1所示。由图4.3-1可知，研究区域的土地覆盖主要由高强度的城市开发用地、耕地、落叶林、草木丛湿地、灌木林地、牧草地等组成。土地覆盖类型分布具有较强的规律性，其中，城市开发用地和耕地主要分布在研究区域中部及南部；研究区域北部的土地覆盖类型主要以落叶林及草本湿地为主。图4.3-1中土地覆盖类型代码见表4.3-1。

4.3.2　土地覆盖类型

将研究区域剖分为 220×277 的网格，并提取各网格的土地覆盖类型进行统计分析。统计结果表明，密歇州下半岛的土地覆盖类型包括水域、完全开发

图4.3-1　密歇根州下半岛土地覆盖分布图（USDA 提供）

区、低密度开发区、中密度开发区、高密度开发区、裸露岩石区、落叶林、常绿林、混交林、灌木林、牧场、牧草地、耕地、草木丛湿地、草本湿地共15类，比例分布如图4.3-2所示。

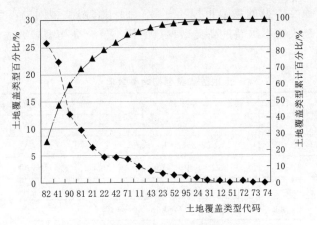

图 4.3-2　密歇根州下半岛土地覆盖类型比例
注　土地覆盖类型代码详见表4.3-1所示

由图4.3-2可知，耕地、落叶林、草木丛湿地及牧草地4类型所占的比例分别为22.62%、22.52%、18.66%和9.64%，其累计达到70.21%；水域、完全开发区、低密度开发区、中密度开发区、常绿林、混交林及牧场共7类土地覆盖类型的累计比例达到26.26%。这11类土地覆盖类型所占比例为96.47%；高密度开发区、裸露岩石区、灌木林和草本湿地4类土地覆盖类型所占比例为3.53%；剩余常年积雪区、矮小灌木林、莎草地、地衣、苔藓共5种类型在研究区域内没有分布。

州域尺度参数校正过程中，主要调整耕地、落叶林、草木丛湿地及草地共4类土地覆盖类型的参数；基于大尺度情形下的参数（以上4类土地覆盖类型参数），通过调整水域、完全开发区、低密度开发区、中密度开发区、常绿林、混交林及牧场7类土地覆盖类型参数校正流域尺度模型。

此外，土地覆盖主要影响降雨截留和蒸腾蒸发两个过程，因此模型校正过程中，首先调整耕地、落叶林、草木丛湿地及牧草地共4类土地覆盖类型的降雨截留量、覆盖度、蒸发及蒸腾修正系数整体控制植被截留和蒸腾蒸发量；在此基础上，根据校正结果适当调整水域、完全开发区、低密度开发区、中密度开发区、常绿林、混交林及牧场7类土地覆盖类型的参数，控制局部的植被截留和蒸腾蒸发量。

4.3.3　土地覆盖衍生参数

不同的植被类型在不同的季节，其林冠截留量都不相同。但考虑到模型的复杂性及模型的研究尺度等因素，忽略林冠截留与蒸腾蒸发量的季节性变化。可以在今后的模型改进中，添加此部分内容，完善模型。

根据20类土地覆盖类型的主要植被的高度，将林冠截留量按其大小划分为A、B、C、D、E共5类（E类林冠截留量最大，A类林冠截留量最小）；根据各类土地覆盖类型中植被对地表的覆盖面积（仅指植被对地表的覆盖面积），将其覆盖度也按照其大小划分为 A、B、C、D 和 E 共 5 类（同理，E 类覆盖度最大，A 类覆盖度最小）。通过查阅相关文献，对各林冠截留和覆盖度的类型赋予一个初始值，见表 4.3－1。参数调整过程中，同一林冠截留和覆盖度类型的参数可以不一致，但相邻两类型间的参数值需遵循以下规则：低类型参数的最大值不得超过高类型参数的最小值；高类型参数的最小值不得低于低类型参数的最大值。

表 4.3－1　　　　　　　　　　土地覆盖类型初始参数值[203]

土地覆盖类型	代码	英文名称对照	林冠截留/mm	覆盖度/%
水域	11	Open Water	0 (A)	10 (A)
常年积雪区	12	Perennial Ice/Snow	0 (A)	20 (B)
完全开发区	21	Developed/Open Space	0 (A)	30 (C)
低密度开发区	22	Developed/Low Intensity	1 (B)	30 (C)
中密度开发区	23	Developed/Medium Intensity	1 (B)	30 (C)
高密度住宅区	24	Developed/High Intensity	0 (A)	30 (C)
裸露岩石区	31	Barren Land (Rock/Sand/Clay)	0 (A)	20 (B)
落叶林	41	Deciduous Forest	3 (E)	80 (E)
常绿林	42	Evergreen Forest	3 (E)	80 (E)
混交林	43	Mixed Forest	3 (E)	80 (E)
矮小灌木	51	Dwarf Scrub	1.5 (D)	80 (E)
灌木林	52	Shrub/Scrub	2 (D)	80 (E)
牧场	71	Grassland/Herbaceous	1.5 (C)	60 (D)
莎草地	72	Sedge/Herbaceous	1.5 (C)	80 (E)
地衣	73	Lichens	1.5 (C)	80 (E)
苔藓	74	Moss	1.5 (C)	80 (E)
牧草地	81	Pasture/Hay	1.5 (C)	80 (E)
耕地	82	Cultivated Crops	2 (D)	80 (E)
草木丛湿地	90	Woody Wetlands	2 (D)	80 (E)
草本湿地	95	Emergent Herbaceous Wetlands	1.5 (C)	80 (E)

注　表中的参数指网格代表性植被在整个网格的林冠截留量和覆盖度，而不是植被自身的林冠截留量和覆盖度。例如，落叶林通常含有灌木林、草地等，其林冠截留量较大；完全开发区内的绿化措施，其林冠截留量与覆盖度也不会为零。

4.4　植 被 根 部 数 据 处 理

4.4.1　植被根部厚度

植被根部厚度数据可以直接采用 USDA 自然资源保护局（NRCS）的 STATSGO 数据库，也可根据土壤类型、植被类型与植被根部厚度的经验关系估算。本书介绍以上两种获取植被根部数据的方法。

4.4.1.1 NRCS 植被根部数据

植被根部厚度数据来自于 USDA 的 NRCS 建立的 STATSGO 数据库。该数据库提供 EOO 格式文件的数据，可以通过 Arc catalog 工具将其转化为 shp 格式文件。由图 4.4-1 可知，研究区域的根部厚度变化有明显的区域特征。在五大湖的周边区域，植被根部厚度为 59~63 英寸（150~160cm），而远离五大湖的区域（即密歇根州下半岛中部），植被根部厚度为 66~95 英寸（168~241cm）。

4.4.1.2 土壤-植被与植被根部厚度关系

植被的根部厚度与土壤类型和植被类型密切相关。而植被类型与土地利用性质密切相关。因此，若无根区厚度数据库时，可根据土壤类型和土地利用类型估算植被根区厚度。同一种植物或同

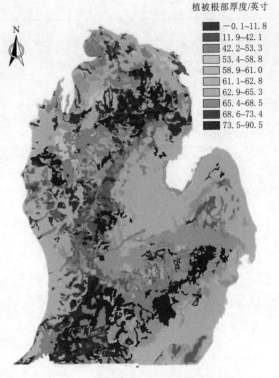

植被根部厚度/英寸
- −0.1~11.8
- 11.9~42.1
- 42.2~53.3
- 53.4~58.8
- 58.9~61.0
- 61.1~62.8
- 62.9~65.3
- 65.4~68.5
- 68.6~73.4
- 73.5~90.5

图 4.4-1　密歇根州下半岛根部厚度分布

一类植被在不同土壤中的根部厚度都具有一定的差异，植物与其根部厚度的关系非常复杂。

美国学者通常将土地利用类型分为水域、常年积雪地区、低密度开发区、高密度开发区、商业或工业区、裸露岩石区、采石场或采矿场、Transitional、落叶林、常绿林、混交林、灌木林、果树林、草地、牧场、行栽植物、谷粒作物、闲耕地、休闲娱乐草地、草木丛湿地及湿地共 21 类。2010 年，Ken 和 Marcia 在地下水资源报告中根据土壤类型将土壤饱和渗透系数分为 A、B、C、D 四个等级（0.127cm/h＜D、0.127cm/h≤C＜0.381cm/h、0.381cm/h≤B＜0.762cm/h，A≥0.762cm/h），以此将土壤重新划分为 5 类，并校正 5 类土壤类型中 21 类土地利用类型植被的根区厚度，见表 4.4-1。

表 4.4-1　　　　　　　植被根部厚度与土壤类型、土地利用关系[165]　　　　单位：cm

土地利用类型	土壤类型				
	代码	Clay（C）	Loamy（B）	Fine（D）	Med/Crs（A）	Organic（B/C）
水域	11	0	0	0	0	0
常年积雪地区	12	0	0	0	0	0
低密度开发区	21	60.96	60.96	60.96	60.96	60.96
高密度开发区	22	60.96	60.96	60.96	60.96	60.96
商业或工业区	23	60.96	60.96	60.96	60.96	60.96
裸露岩石区	31	30.48	30.48	30.48	30.48	30.48

续表

土地利用类型	土 壤 类 型					
	代码	Clay（C）	Loamy（B）	Fine（D）	Med/Crs（A）	Organic（B/C）
采石场或采矿场	32	30.48	30.48	30.48	30.48	30.48
Transitional	33	30.48	55.17	42.37	50.90	46.33
落叶林	41	53.04	60.05	55.47	60.96	55.78
常绿林	42	53.04	60.05	55.47	60.96	55.78
混交林	43	66.14	85.04	79.55	81.38	81.99
灌木林	51	78.94	110.03	103.63	101.50	107.90
果树林	61	78.94	163.68	105.77	163.68	114.30
草地	71	64.31	110.03	103.63	101.50	107.90
牧场	81	64.31	110.03	103.63	101.50	107.90
行栽植物	82	19.20	60.96	50.90	50.90	53.64
谷粒作物	83	60.96	101.50	83.21	92.96	86.56
闲耕地	84	15.24	15.24	15.24	15.24	15.24
休闲娱乐草地	85	78.94	110.03	103.63	101.50	107.90
草木丛湿地	91	137.16	137.16	137.16	137.16	137.16
湿地	92	137.16	137.16	137.16	137.16	137.16

注　表中的分类法与表 4.3-1 中的分类法有细小差别，代码对应相同的土地覆盖类型，本表的分类更细致。

4.4.2　根部厚度

为了定量描述研究区域的植被根部厚度，在模型校正阶段有针对性地调整各类根部厚度的相关参数，将研究区域剖分为 220×277 的网格，提取出各网格的根部厚度进行统计分析。统计结果表明，所有网格根部厚度在 $0 \sim 1.8\text{m}$ 间变化，且主要集中在 $0.75 \sim 1.0\text{m}$、$1.0 \sim 1.25\text{m}$ 及 $1.25 \sim 1.50\text{m}$ 三个区间，其比例分别为 53.41%、26.69% 及 14.35%，其他区间的比例都不足 5%。密歇根州下半岛根区厚度分布如图 4.4-2 所示。

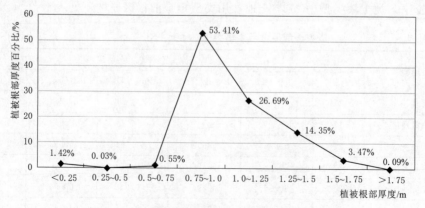

图 4.4-2　密歇根州下半岛植被根部厚度分布图

以上植被根部厚度数据都提取自 NCS 的 STATSGO 数据库，在使用过程中可通过放大/缩小因子对其进行整体修正。

4.4.3 根密度分布

植被根系决定着总蒸腾蒸发量，而本书建立的模型将各网格土壤在纵向上划分为 6 层，并分别计算网格各层土壤的水平衡，其中的植被蒸腾量与植被根垂向分布密切相关。

植被类型、区域降雨、植被生长季节等因素决定植物根密度分布是一个复杂的系统。Gale 和 Grigal 提出一个根密度在垂向上分布的假设[203]，如式（4.4-1）所示。

$$Y = 1 - \beta^d \tag{4.4-1}$$

式中：Y 为根从地表到指定深度的累计百分比，%；d 为距离地表的深度，m；β 为由样本估计的参数，无量纲。

植被根密度不仅受到植物种类、土壤类型、光照等因素影响，降雨、灌溉、温度等因素也对其有较大影响。所以，通常同一区域相同类型植被，可用式（4.4-1）描述其根密度分布。但是，对于不同类型的植被甚至相同类型植被在不同的生长环境中，式（4.4-1）中样本估计的参数 β 的值可能具有明显差异。Zeng 在 Gale 和 Grigal 提出的假设基础上，提出两个参数的植物根密度分布模型[204]，如式（4.4-2）所示：

$$Y = 1 - \frac{1}{2}(e^{-ad} + e^{-bd}) \tag{4.4-2}$$

式中：a、b 为经验系数。

Zeng 给出了 BATS 及 IGBP 土地覆盖两种分类法根密度分布的参数，见表 4.4-2 和表 4.4-3。

表 4.4-2　　　　BATS 土地覆盖分类各类指标根密度分布参数[205]

序号	覆 盖 类 型	a/m^{-1}	b/m^{-1}	d_r/m
1	种植/混合农业	5.558	2.614	1.5
2	矮草	10.74	2.608	1.5
3	常绿针叶树	6.706	2.175	1.8
4	落叶针叶树	7.066	1.953	2
5	落叶阔叶树	5.99	1.953	2
6	常绿阔叶树	7.344	1.303	3
7	茂草；高茎草	8.235	1.627	2.4
8	沙漠；荒原	4.372	0.978	4
9	苔藓	8.992	8.992	0.5
10	灌溉作物	5.558	2.614	1.5
11	半沙漠；半荒漠	4.372	0.978	4
12	冰盖；冰冠/冰川	—	—	—
13	沼泽			

续表

序号	覆盖类型	a/m^{-1}	b/m^{-1}	d_r/m
14	内陆水域	—	—	—
15	海洋	—	—	—
16	常绿灌木	6.326	1.567	2.5
17	落叶灌木	6.326	1.567	2.5
18	混合林地	4.453	1.631	2.4

表 4.4-3　　　　　　　　IGBP 土地覆盖分类植被根密度分布参数

序号	覆盖类型	a/m^{-1}	b/m^{-1}	d_r/m
1	常绿针叶树	6.706	2.175	1.8
2	常绿阔叶树	7.344	1.303	3
3	落叶针叶树	7.066	1.953	2
4	落叶阔叶树	5.99	1.955	2
5	混交林	4.453	1.631	2.4
6	封闭的灌木地	6.326	1.567	2.5
7	开放的灌木地	7.718	1.262	3.1
8	伍迪稀树大草原	7.604	2.3	1.7
9	热带草原；热带的稀树大草原	8.235	1.627	2.4
10	草原	10.74	2.608	1.5
11	永久性湿地	—	—	—
12	农田	5.558	2.614	1.5
13	城市和建筑的土地	5.558	2.614	1.5
14	农田/自然植被	5.558	2.614	1.5
15	冰雪	—	—	—
16	荒地	4.372	0.978	4
17	水体，贮水池；水域；水团	—	—	—

本书设计模型的纵向剖分深度就是植被根区厚度。模型中将根区厚度纵向剖分为6层，计算各网格每层的水平衡。根区厚度除了决定网格的深度外，还将影响网格各层的蒸腾蒸发量计算。

4.5　DEM 及非饱和带厚度

DEM 及非饱和带厚度直接从 Michigan State University 多尺度模拟与实时计算重点实验室的数据库读取。该数据库的 DEM 数据通过对 RSTM 90m 数据插值获得；非饱和带厚度是根据 1970—2000 年分布在密歇根州 500 万组实测地下水资料，得到水井处的多年平均地下水位高程，并插值获得密歇根州下半岛的地下水位高程分布，然后与 DEM 高程数据差获得。DEM 及非饱和带厚度如图 4.5-1 所示。

由图 4.5-1 可知，密歇根州下半岛的高程为 163～496m，主要是以平原和浅丘地形为主。北部、南部区域是东西两侧低，中间高的地形。南部与北部区域的中间地带，有南北高而中间低的过渡带。非饱和层厚度总体呈现北部大而南部小的趋势。非饱和层厚度与 DEM 具有一定的相关性，靠近地势高的区域，非饱和层厚度相对较大。

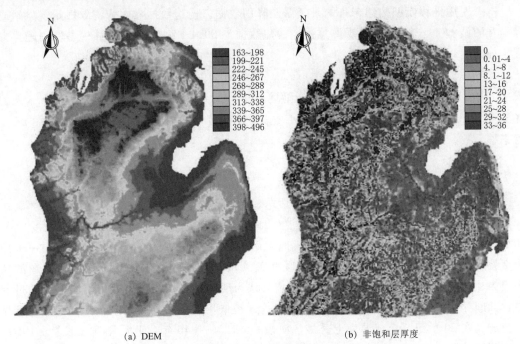

(a) DEM   (b) 非饱和层厚度

图 4.5-1   密歇根州下半岛 DEM 及非饱和层厚度

4.6　情　景　设　置

受全球气候变化影响，降雨及气温都可能存在较为显著的变化。然而，虽然随着社会发展，土地利用、植被覆盖等将发生改变，且其也是影响地下水补给的重要因素之一，但是它们的性质受人为影响较大，对其情景模拟不具备客观性。因此，在分析气温、降雨对地下水补给强度的影响时，忽略其他因素的影响。该部分通过分析密歇根州气象站点的日气温、降雨数据获得其大时间尺度的变化趋势，并以此为依据构建未来的日气温和降雨序列。

随机-趋势模型和平移模型通常用于构建日气温或日降雨数据序列，SWAT 软件已具备自动构建日气温或降雨的数据功能[205]。随机-趋势模型主要通过分析大量样本均值和方差的变化趋势，并以此为依据重构日气温或日降雨序列[206]。该方法构建数据的均值和方差都具有与样本均值和方差相似的变化规律。平移模型，又称 ARIMA 模型，是通过分析大量样本的均值变化趋势，将样本后移 n 个周期并加上均值变化量，从而得到日气温或日降雨序列[207]。这两种方法获得的数据都可用在大时间尺度上控制气温和降雨变化，而小时间尺度上应用产生的误差较大；同时因日降雨与日气温都具有很大的随机性，都只是一种假设情景下的构建结果。因样本资料限制，本书采用平移模型构建日气温、日降雨序列作为 2014—2050 年模拟阶段的模型输入。

4.6.1　情景设置方法

本书使用平移模型构建未来的日气温及降雨数据。构建数据样本为密歇根州气象站或降雨观测站 1970—2013 年日观测数据，构建数据为 2014—2050 年。平移模型使用趋势方程，如式（4.6-1）所示：

$$pre_t = pre_{t-t_0} + at + b\,(t \geqslant t_0) \tag{4.6-1}$$

式中：Pre_t 为平移模型构建第 t 天的降雨量，cm/d；Pre_{t-t_0} 为降雨观测站第 $t-t_0$ 天的降雨量，cm/d；t 为构建降雨的时间，d；t_0 为平移时间，d（本书取 $t_0=24123$d）；a、b 为平移系数。

4.6.2　气温变化

虽然全球变暖是 21 世纪的一个热门话题，但是部分气象科学专家对此观点持怀疑态度，例如 MIT 工学院 Richard Lindzen[208]、威斯康星大学麦迪逊分校的刘征宇教授[209]、加拿大第一个气候学博士 Marcott[210]，他们认为目前的气候变暖是因为地球处在一个冷暖交替的过程中，而现阶段恰好处在"暖期"。Lindzen 批评戈尔关于全球环境问题的认识极为片面且缺乏某种必要研究常识[211]，其认为地球气候长久以来处于不断变化的过程中，其间存在各种复杂的原因，而不是如"全球变暖"支持者所说的仅仅是因二氧化碳排放造成。在 20 世纪，全球温度上升最快阶段是 1910—1940 年，此后则迎来长达 30 年的全球降温阶段，直到 1978 年全球温度才重新开始上升。

4.6.2.1　密歇根州气温变化概述

本书统计分析密歇根州 357 个 NCDC 气温观测站 1970—2013 年间的日气温数据资料（部分站点的日气温数据缺失）。观测时间段内多年年平均最高气温为 13.12℃，多年年平均最低气温为 2.44℃；年内，7 月的气温最高，该月的多年月平均最高气温为 27.39℃；而 1 月的气温最低，该月的多年月平均最低气温为 -10.28℃。

观测时段内，密歇根州所有站点最高气温的年内变化在 -0.20～27.39℃ 区间内，而最低气温的年内变化在 -10.28～14.74℃ 区间内。最低气温的 5 年滑动平均值具有上升趋势，其趋势线方程为 $y=0.0314x-60.369$，其中 x 为公元年，y 为最低气温 5 年滑动平均值，因此每年最低气温上升 0.00628℃/a（或 0.0628℃/10a）；与最低气温类似，最高气温的 5 年滑动平均值也具有上升趋势，其趋势线方程为 $y=0.0294x-45.34$，每年最高气温上升 0.00588℃/a（或 0.0588℃/a）。综上所述，密歇根州下半岛的平均气温上升 0.01216℃/a（0.1216℃/10a），该结果与 Claudia 等的研究结果（上升 0.245℉/10a，即 0.1361℃/10a）差异不大[212]。

4.6.2.2　气温预测情景

通常日时间尺度的气象数据预测结果具有较大的不确定，而流域模型需要日时间尺度的气象数据作为模型输入[213]。本书采用平移模型构建未来的日气象数据资料，以全球变暖是基于线性变化的假设条件，其结果具有与观察数据类似的变化趋势、相近的方差等。典型站点构建的最高和最低日气温如图4.6-1和图4.6-2所示。

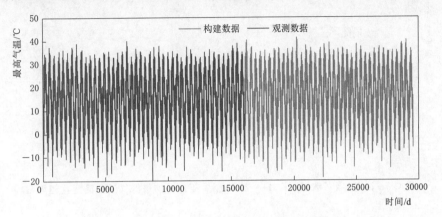

图 4.6-1 典型站点 1970—2050 年构建最高日气温示意图

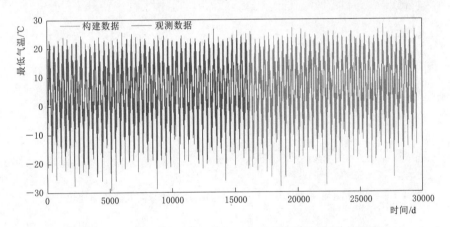

图 4.6-2 典型站点 1970—2050 年构建最低日气温示意图

图4.6-1和图4.6-2分别是构建最低、最高气温序列的年平均值及5年滑动平均值的变化趋势。由图可知，构建2014—2050年期间的最低、最高气温序列与1970—2013年间观测值具有相似的变化趋势。最低、最高观测数据的5年滑动均值线的斜率分别为0.0314和0.0294，对应每10年上升温度为0.1216℃（10年上升温度为最低、最高温度上升量之和）；而构建的最低、最高气温序列的5年滑动均值线的斜率分别为0.0406和0.0397，对应每10年上升温度为0.1606℃。

除此以外，图4.6-3和图4.6-4还揭示构建数据与观察数据间具有相似的波动特征。因此，平移模型构建的日气温数据可以反映年时间尺度上变化的趋势及波动特征。

构建数据序列不仅在年时间尺度上具有与观察数据相同或相似的上升趋势和波动特征，而且在月时间尺度上也具有与观察数据相同的变化规律。图4.6-5和图4.6-6分别揭示了最低、最高气温的构建数据序列与观察数据序列的多年月平均统计值。由图可知，

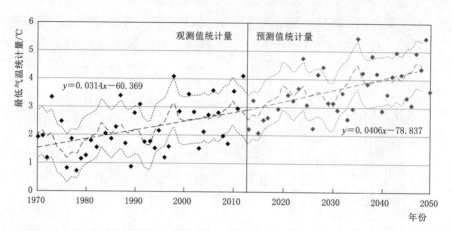

图 4.6-3　美国密歇根州 2014—2050 年多年月平均最低气温预测变化趋势图

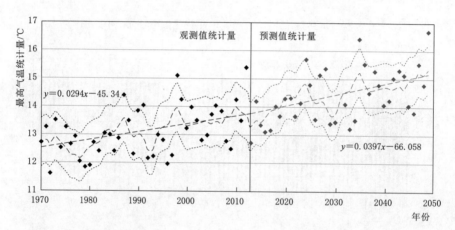

图 4.6-4　美国密歇根州 2014—2050 年多年月平均最高气温预测变化趋势图

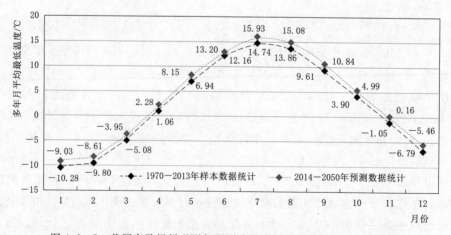

图 4.6-5　美国密歇根州观测与预测阶段多年月平均最低气温统计图

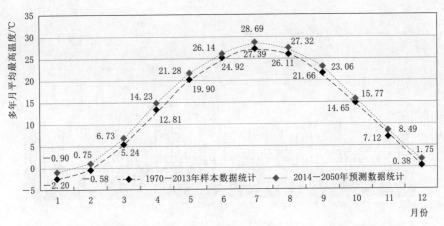

图 4.6-6 美国密歇根州观测与预测阶段多年月平均最高气温统计图

构建数据序列和观察数据序列的最低、最高气温的极小值和极大值都分别出现在 1 月和 7 月。年内，最低、最高气温都从 1 月的最低点逐渐上升至 7 月的最高点，随后直线下降。因此，平移模型构建的日气温数据可以代表气温月时间尺度上变化的趋势。

4.6.3 降雨变化

4.6.3.1 密歇根州降雨变化概述

本书统计分析密歇根州 857 个 NCDC 降雨观测站 1970—2014 年的降雨数据（部分站点的降雨数据缺失），了解其降雨的变化特征。研究时间段内多年月平均降雨总量为 81.40cm/a，其中 5—11 月的多年月平均降雨大于 7.0cm/月，其累计降雨占总量的 70.0%；而 12 月至次年 4 月，降雨小于 7.0cm/月，累计占总量的 30%。

研究时段内，所有站点降雨均值在 74～105cm/a 区间变化，其 5 年滑动平均值在 85～95cm/a 区间变化，与文献的研究成果一致[214]；5 年滑动平均值具有上升趋势，趋势线方程为 $y=0.123x-157.28$，其中 x 为公元年，y 为 5 年滑动平均值，因此每年降雨上升 0.0246cm/a（或 0.246cm/10a）；此外，5 年移动平均值还具有一定的周期性，1970—1992 年、1993—2014 年为两个周期，都经历"下降—上升—下降"的过程。

4.6.3.2 降雨预测情景

平移模型构建的典型站点日降雨数据序列如图 4.6-7 所示。图 4.6-8 揭示了构建日降雨序列的年平均值及 5 年滑动平均值的变化趋势。由图可知，构建 2014—2050 年的日降雨序列与 1970—2013 年的观测序列具有相似的变化趋势，两个序列的 5 年滑动均值线的斜率分别为 0.0385 和 0.0402，对应每 10 年降雨增加量分别为 0.0770cm 和 0.0804cm。此外，构建数据序列具有与观测数据序列相似的波动特征。因此，平移模型构建的日降雨数据可以反映年时间尺度上降雨变化的趋势及波动特征。

构建数据除具备前面所述的与观察数据相同变化周期、波动方差及相似的上升趋势外，年内各月份上的分布也与观察数据具有相同的变化规律。图 4.6-9 揭示了观察数据序列和构建数据序列的多年月平均变化规律。由图可知，构建数据序列与观察数据序列的多年月平均值具有相同的变化趋势。自 2 月起逐渐增长至 9 月，达到最大值后，直线下降

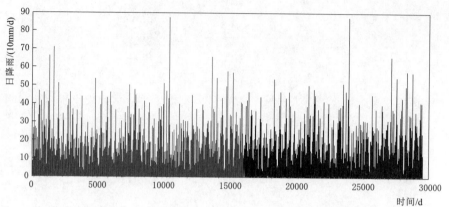

图 4.6-7 典型站点 1970—2050 年构建日降雨示意图

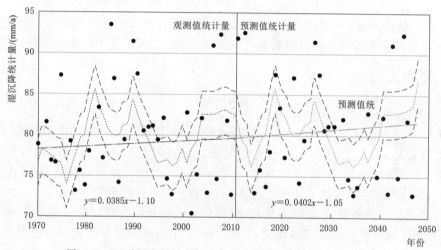

图 4.6-8 美国密歇根州 1970—2050 年降雨预测变化趋势图

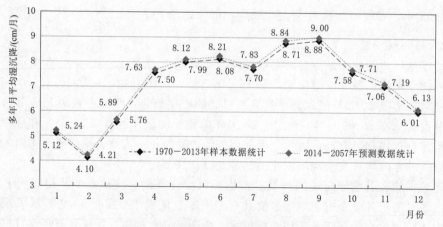

图 4.6-9 美国密歇根州观测与预测阶段多年月平均降雨统计图

至次年 2 月，达到最小值。观测数据序列的多年月平均降雨累计为 84.497cm/a，而构建数据序列的多年月平均降雨累计为 86.003cm/a，观测数据序列与构建数据序列多年月平均降雨相差 1.505cm。因此，平移模型构建的日降雨序列可以反映月时间尺度上降雨变化的趋势。

综上所述，采用平移模型构建的日气温、降雨数据序列在年、月时间尺度上都具有与观测数据序列相同或相似的变化特征，可以将构建数据序列用于模拟过程，研究该气象条件下的地下水补给强度变化情况。

4.7 数 据 驱 动 原 理

4.7.1 GIS 数据离散化及数据驱动原理

随着气象站点自动化技术快速发展、计算机在地质和水文地质领域中的广泛运用，以及气象、环境、地质、水务等政府部门管理水平的提高，发达国家甚至一些发展中国家已经建立起完善的气象、地质、水文等数据管理体系，对观测数据进行跟踪管理，并将其储存至管理部门的数据库中。气象数据日积月累，形成庞大的包括降雨、温度、降雪等在内的信息库。这些数据资料具有信息量大、复杂、格式多元化等特征，使其利用效率低。

利用 Matlab 软件将模拟过程中可能使用到的土地利用、植被类型、土壤组成、日降雨、日气温等数据全部处理为 GIS 中的矢量数据；然后利用 ArcGIS 工具箱中的 Conversion Tool 将其转化为栅格数据后，存储在"空间数据库"；建立地下水补给、地下水流场或地下水溶质运移模型后，若模型参数没有赋值或选择通过栅格数据读取，则根据模型边界计算参数在"空间数据库"中的索引位置，读取模型需要的参数并赋予模型，最后运行模型。

"空间数据库"存储数据的原理与索引位置计算原理都是基于经纬度坐标进行识别（建立模型时，模型边界通常是基于 NAD1983 坐标系，将其转化为经纬度坐标后再计算索引）。"空间数据库"储存过程中，将数据全部划分为 $0.5°×0.5°$ 的单元，并以"纬度_经度"的方式命名数据单元，将同纬度的数据单元存储在相同文件夹内，并以"纬度"命名文件夹。建立模型剖分网格单元后，根据每个模型网格单元的经纬度坐标计算参数在"空间数据库"中的文件夹名称及数据单元名称，最后利用索引到的数据单元插值得到模型网格单元的参数值。

一般而言，栅格数据的网格大小与模拟划分的网格不可能完全一致，所以在读取参数后，需根据模型网格大小插值。本书使用反距离平方法，插值计算得到每个模拟划分网格的参数。反距离平方法，是将已知参数点与未知参数点的距离倒数的平方视为已知参数点的权重系数，采用加权平均的方法计算节点的参数。计算过程中，在未知参数点东、南、西、北侧各选择 1 个距其最近的已知参数点作为其插值目标。模拟过程中的数据驱动原理如图 4.7-1 所示。

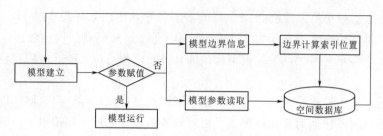

图 4.7 - 1 数据驱动原理流程图

4.7.2 模型网格单元体划分

模拟地下水补给量时，首先需要对模拟边界进行剖分，并将前面所提及的物理参数赋值给每个网格单元。一般而言，在赋值过程中，使用网格单元的中心点代表整个网格单元，本书在模拟过程中涉及的节点网格布局如图 4.7 - 2 所示。作者参与开发的数据驱动模型中，将模型所需的典型空间数据（如日降雨、日气温、土壤类型、植被类型、植被根部厚度等）处理为可以读入的 raster 数据储存在"空间数据库"中，再根据剖分网格的位置从"空间数据库"中读取所需参数，其原理见 4.7.1 部分。

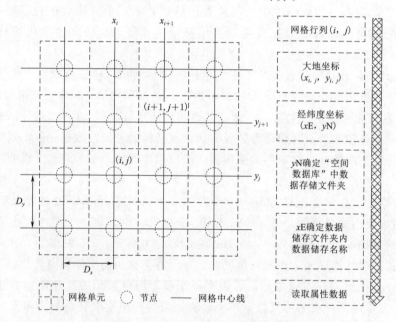

图 4.7 - 2 网格平面布局及数据驱动流程

4.8 本 章 小 结

数据处理与管理小结如下：

（1）根据 NCDC 提供的密歇根州下半岛日降雨、日最高气温、日最低气温及气象站坐标高程信息，建立月平均降雨量与高程的线性回归模型，控制每点的月降雨量，并以反距离平方和节点预测的月降雨量/气象站月降雨量作为权重系数，根据气象站日降雨量预测节点的日降雨量；最低或最高气温直接采用距离倒数的平方作为权重系数，根据气象站最低、最高气温预测节点的最低、最高气温。

（2）USGS 提供了土壤组分数据，该数据包含了土壤中砂粒、黏粒及粉粒在地表及垂直方向上的变化。处理过程中，以每层土壤的厚度作为权重系数，计算土壤中砂粒、黏粒及粉粒的百分比；根据计算的土壤组分（砂粒、黏粒及粉粒的百分比）及美国质土壤质地分类标准，将土壤划分为黏土、粉黏土、粉黏壤土、砂黏土、砂黏壤土、黏壤土、粉土、粉壤土、壤土、砂土、壤砂土、砂壤土共 12 类；统计得到，密歇根州的砂壤土、粉壤土、壤砂土及砂土 4 种土壤累计达到 85.95%；通过查阅文献，得到以上各类土壤的相关特性参数，如饱和渗透系数、残余水分含量、特征曲线参数等。

（3）USDA 下属的 NRCS 提供了 Tif 格式的全美土地覆盖数据库，该数据将土地覆盖划分为耕地、落叶林、草木丛湿地、牧草地、水域、完全开发区、低密度开发区、中密度开发区、常绿林、混交林、牧场、常年积雪区、矮小灌木林、莎草地、地衣、苔藓、高密度开发区、裸露岩石区、灌木林及草本湿地共 20 个类型。统计得到该区域主要由耕地、落叶林、草木丛湿地及牧草地组成，4 种覆盖类型累计达到 70.21%；根据 20 类土地覆盖类型的特征，将其林冠截留和覆盖度由高至低分别划分为 5 个等级，并对每个等级赋值。

（4）USDA 下属的 NRCS 发布了 STATSGO 数据库，该数据库提供了 EOO 格式的全美的植被根部厚度，本书采用 Arc catalog 工具将其转化为矢量数据；对于无可用植被根部厚度的地区，可以根据 Ken 和 Marcia 提供的方法，根据土壤类型及土地利用计算植被根部厚度进行补全；统计得到密歇根州主要根部厚度主要分布在 0.75～1.0m、1.0～1.25m 及 1.25～1.50m 三个区间，其累计达到 95% 以上。

（5）根据 NCDC 提供的密歇根州 1970—2013 年的逐日最低、最高气温及降雨资料，使用平移模型构建 2014—2050 年的逐日最低、最高气温及降雨。所构建的日气温及降雨数据序列与 1970—2013 年期间观测数据序列的统计特征相似，例如，5 年滑动平均趋势、多年月平均统计量变化趋势等。

（6）模拟过程中将采用单元体作为模拟单元，将所有数据转换为栅格数据形式储存在数据库中，并根据模型边界及参数需求从数据库中读取物理参数；此外，离散过程中采用反距离平方作为权重系数，插值得到代表网格节点处的物理参数值。

参 考 文 献

[194] Murat C., Hatice C., Ozgur K., et al. Estimation of mean monthly air temperatures in Turkey [J]. Computers and Electronics in Agriculture, 2014, 109: 71-79.

[195] Maik H., David K. Benchmarking quantitative precipitation estimation by conceptual rainfall-runoff modeling [J]. Water Resources Research, 2011, 47 (6): 1-23.

[196] Wang Y. T., Hou S. G. A new interpolation method for Antarctic surface temperature [J]. Progress in Natural Science, 2009, 19 (12): 1843-1849.

[197]　陈邦本，方明，胡蓉卿，等. 三种土壤质地分类制的比较 [J]. 南京农学院学报，1983，2：50 - 60.

[198]　FAO. Digital Soil Map of the World and Derived Soil Properties. Land and Water Digital Media Series No. 7, Food and Agriculture Organization of the United Nations，Millar，C. E. ，Turk L. M. ，Fundamentals of Soil Science [M]. New York，1951，510.

[199]　郭彦彪，戴军，冯宏，等. 土壤质地三角图的规范制作及自动查询 [J]. 土壤学报，2013，50 (6)：1221 - 1225.

[200]　Clapp R. B. ，Hornberger G. M. Empirical Equations for Some Soil Hydraulic Properties [J]. Water Resources Research，1978，14 (4)：601 - 604.

[201]　Farouki O. T. Thermal Properties of Soils [M]. U. S. Army Corys of Engineers，New Hampshire，1981.

[202]　Mualem Y. A new Model for predicting the hydraulic conductivity of unsaturated porous Media [J]. Water Resources Research，1976，12 (3)：513 - 522.

[203]　Gale M. R. ，Grigal D. F. Vertical root distributions of northern tree species in relation to successional status [J]. Canadian Journal of Forest Research，1987，17 (8)：829 - 834.

[204]　Zeng X. B. Global Vegetation Root Distribution for Land Modeling [J]. Journal of Hydrometeorology，2001，5 (2)：525 - 530.

[205]　庞靖鹏，徐宗学，刘昌明. SWAT 模型中天气发生器与数据库构建及其验证 [J]. 水文，2007，27 (5)：25 - 30.

[206]　Sharpley A. N. ，Williams J. R. EPIC - Erosion Productivity Impact Calculator，I. Model documentation [M]. Washington，U. S. Department of Agriculture Research Service，1990.

[207]　王涛，陈云蔚，孙小平，等. 临安近 50 年气温变化特征分析 [J]. 浙江气象，2009，30 (1)：31 - 34.

[208]　Lindzen R. S. Some Coolness Concerning Global Warming [J]. Bulletin American Meteorological Society，1990，71 (3)：288 - 299.

[209]　Liu Z. L. ，Zhu J. ，Rosenthal Y. ，et al. The Holocene temperature conundrum [J]. Proceedings of the National Academy of Sciences of the United States of America，2014，111 (34)：3501 - 3505.

[210]　Marcott S. A. ，Shakun J. D. ，Clark P. U. ，et al. A Reconstruction of Regional and Global Temperature for the Past 11，300 Years [J]. Science，2013，339 (6124)：1198 - 1201.

[211]　Claudia，T. ，Dennis A. S. ，Nicole H. The Heats is on：U. S. Temperature Trends [R]. U. S. Climate and Central，2012.

[212]　Mikko I. J. ，Jon F. S. The impact of climate change onspatially varying groundwater recharge in the Grand River watershed (Ontario) [J]. Journal of Hydrology，2007，338 (3)：237 - 250.

[213]　Jeff A. ，Steve H. ，Ken K. Historical Climate and Climate Trends in the Midwestern USA [R]. U. S. National Climate Assessment，2012.

[214]　U. S. Climate Data. Temperature - Precipitation - Sunshine - Snowfall [EB/OL]. 2015.

第 5 章　入渗补给物理过程模型参数校正

入渗补给物理过程模型参数校正分为两个阶段：第一阶段使用 USGS 的研究成果（密歇根州下半岛的地下水多年平均补给强度）校正入渗补给物理过程模型在州域尺度上的参数；第一阶段参数校正过程中，发现入渗补给物理过程模型模拟结果与 USGS 回归法估算结果间存在一个系统误差，使用非饱和带厚度修正入渗补给物理过程模型；第二阶段使用衰退曲线位移法计算密歇根州 Grand River 流域上 16 个水文站控制流域面积内的地下水多年平均月补给强度，并将其结果用于校正入渗补给物理过程模型在月时间尺度上的参数。最后，建立密歇根州下半岛的地下水稳定流，将入渗补给物理过程模拟的地下水补给强度作为其源汇项，使用密歇根州立大学多尺度模拟与实时计算重点实验室收集的州域尺度地下水位数据验证模型结果。

5.1　回归模型（州域尺度）

5.1.1　USGS 回归模型中的地下水补给强度

2005 年，USGS 采用回归模型调查了五大湖范围内的地下水多年平均分布情况[159]。简述工作内容如下：

（1）利用密歇根州下半岛 959 个水文站历史流量数据估算 2.3.1 部分提及的 5 类地表地质材料（Bedrock、Coarse‐texture sediments、Fine textured sediments、Till 和 Organic sediments）的回归系数。

（2）根据密歇根州下半岛各个流域的地表地质材料构成及其对应的回归系数，估算各流域的基流指数。

（3）根据水文站所控制流域的多年平均径流资料，采用插值方法获得无水文站控制流域的多年平均径流量。

（4）根据（2）中计算的每个流域的基流指数和（3）中插值获得的流域多年平均径流量，估算各流域的多年平均基流量。

（5）将（4）中估算获得的各流域多年平均基流量除以其流域面积，获得地下水多年平均补给强度。

USGS 根据上述方法获得的密歇根州下半岛地下水多年平均补给强度，如图 5.1-1 所示。

由图 5.1-1 可知，USGS 根据基流估算的密歇根州下半岛地下水多年平均补给强度分布具有西部大于东部，北部大于南部的规律。东部的地下水多年平均补给强度为 10.16～15.24cm/a（4～6in/a）；西部地下水多年平均补给量主要集中在 27.94～45.72cm/a

（11～18in/a）区间，局部地区的地下水补给量在 12.7～20.32cm/a（5～8in/a）；北部地下水多年平均补给量高于南部地区。

5.1.2　密歇根州下半岛概况

密歇根州位于美国东北部五大湖地区，其南境西部半岛与印第安纳州接壤，东部半岛与俄亥俄州接壤，西、北部为密歇根湖、东北部为休伦湖、东部为圣克莱尔湖和圣克莱尔河，东南部是伊利湖。麦基诺水道将密歇根州分割为上、下半岛，该州主体为南部的下半岛。密歇根州下半岛地理坐标为 E82°24′34.77″～86°33′57.89″，N45°48′37.52″～49°41′33.17″。地形以平原和缓坡为主，有 15000 个以上内陆湖，主要

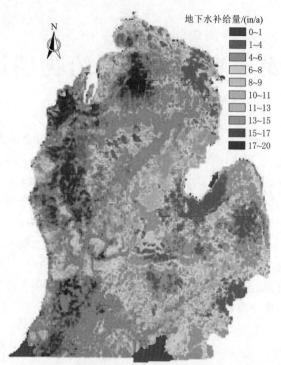

图 5.1-1　密歇根州下半岛地下水补给强度
（USGS 提供，回归模型计算）

河流有大河、休伦河、克拉玛主河、沙格瑙河、史德金恩河及白鱼河。

因该州位于五大湖区，受湖风调节，气候比美国北部其他各州温和。北部苏圣玛丽城平均最高气温 10℃，平均最低气温−1℃。东南部的底特律市平均最高气温为 14℃，平均最低气温为 6℃。下半岛南部地区生长期长达 6 个月，全州平均降雨量 838mm，南部多达 914mm。

密歇根州地质组成空间差异很大，整个上半岛地表布满原始类型的岩石，而下半岛则主要是二次沉积形成的岩石。下半岛的中部有石炭纪后期的煤炭和岩层，而泥盆纪的沉积物则松散分布在全州。

5.1.3　州尺度校正结果

5.1.3.1　流域划分及其边界提取

根据密歇根州立大学多尺度模拟与实时计算重点实验室的研究成果，可将密歇根州下半岛的流域分划分为 7 个等级。本书选择其中前 4 级流域作为多尺度分析对象，其中 1 级流域有 8 个，2 级流域有 36 个，3 级流域有 188 个，4 级流域有 1608 个，各流域水系如图 5.1-2 所示。

多流域尺度分析过程中，使用脚本文件提取各级流域 ArcGIS 的 shp 文件中的坐标信息，将各级流域坐标信息构成闭合多边形，并赋予相应的代号；读取 IGW 软件输出的地下水多年平均补给强度文件（txt 和 tif 格式），并根据坐标原点和 X、Y 方向的步长，计算各网格中心点的坐标；判断各网格中心点所在的流域代号，使用动态法计算同一流域所

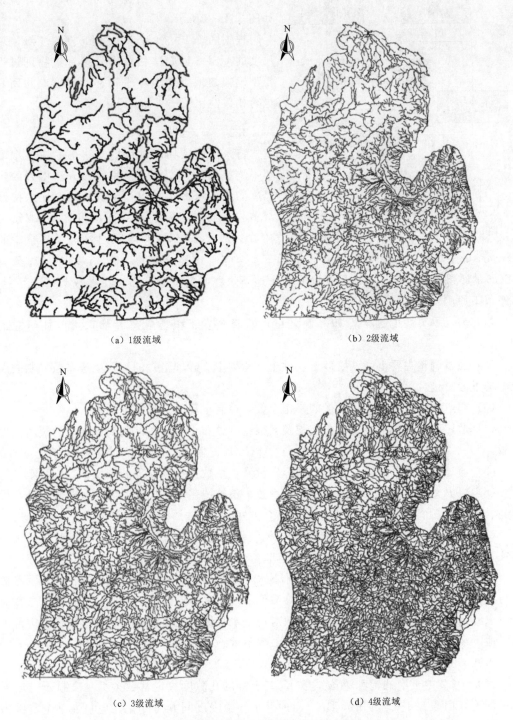

（a）1级流域　　　　　　　　　　　　（b）2级流域

（c）3级流域　　　　　　　　　　　　（d）4级流域

图 5.1-2　密歇根州下半岛各级流域水系（提取自多尺度
模拟与实时计算重点实验室数据库）

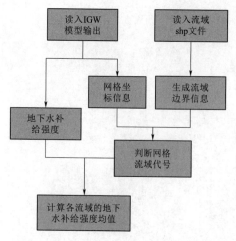

图 5.1-3　多级流域尺度数据提取流程

有网格地下水多年补给强度的均值。计算流程如图 5.1-3 所示。

根据图 5.1-3 的计算过程，提取 4 级流域尺度的 USGS 回归法估算和入渗补给物理过程模型模拟的地下水多年平均补给强度，并用其进行相关性比较。

5.1.3.2　参数调整

将入渗补给物理过程模型获得的地下水多年平均补给量与 USGS 采用回归方法得到的州尺度的地下水多年平均补给量进行对比。按照密歇根州下半岛流域特征，将区域划分为 36 个区域。采用 ArcGIS 空间分析工具箱中的 Extraction 工具，分布提取 36 个区域的地下水多年平均补给量的均值，以将模拟结果与 USGS 的结果进行对比。因该尺度没有考虑地下水在时间上的分布，在参数调整过程中，基于以下原则：

（1）涉及季节性的因子，如降雨强度、蒸腾蒸发、积雪融雪等都采用以往研究的均值。

（2）通过调整主要土壤（壤砂土、砂土、粉壤土、砂壤土）的饱和渗透系数控制表层土壤的下渗总量。

（3）通过调整潜在蒸腾蒸发量的修正系数，控制全局的蒸腾蒸发总量。

（4）通过调整主要植被的覆盖面积及其根密度分布等参数，控制局部区域的蒸腾蒸发总量。

（5）通过调整主要土壤类型的蒸腾蒸发量修正系数，控制局部的蒸发量。

（6）根据文献中各类土壤的饱和渗透系数、植被覆盖率、根密度的参数范围，分布设置高、中、低三个水平，设置 27 种参数组合方式。

（7）提取 36 个流域的各种参数组合模拟结果，与 USGS 提供的数据进行对比，选择相关度较高的参数组合方式再进行参数微调。

本书定义如下符号表示参数变化对地下水补给强度的影响方向或敏感性：↑表示参数值与地下水补给强度同向变化；↓表示参数值与地下水补给强度反向变化；—表示参数对地下水补给强度影响不敏感；＋表示参数对地下水补给强度敏感；±表示参数在一定范围内对地下水补给强度敏感，其他范围内对参数不敏感。

州域尺度下，参数初始条件组合方式见表 5.1-1～表 5.1-3。

表 5.1-2 中土壤的饱和渗透系数 K_s、土壤的孔隙度决定常数 λ 都是文献研究成果的平均值。由表 5.1-2 可知：①K_s 与地下水补给强度同方向变化，但只在某个范围内对地下水补给强度影响较敏感；②TP_b 是植物蒸腾的修正参数，对地下水补给强度具有反向敏感的变化；BS_b 是裸露土壤蒸发的修正参数，对地下水补给强度具有反向敏感的变化。

表 5.1-1 　　　　　　　州域尺度雪堆、蒸腾蒸发初始参数

参数名称	雪 堆 参 数					蒸腾蒸发参数	
	T/h	T_1	$Smelt_1$	T_2	$Smelt_2$	$Clound\ F$	$PETF$
参数值	12	11月1日	0.96	5月1日	1.14	0.16	1.24
影响结果	↑ −	经验值	↑ −	经验值	↑ −	↓ +	↓ +

注　T 表示每天的融雪时间，h（州域尺度下设为12h），其对地下水补给强度具有同向不敏感变化；T_1 和 T_2 分别
　　表示每年融雪的起始和结束时间，无量纲，对地下水补给强度具有同向不敏感变化；$Smelt_1$ 和 $Smelt_2$ 分别表
　　示起始和结束融雪时的融雪系数，cm/（d·℃），对地下水补给强度具有同向不敏感变化；$CloudF$ 表示潜在蒸
　　腾蒸发量云修正系数，无量纲，对地下水补给强度具有反向敏感变化；$PETF$ 表示潜在蒸腾蒸发总量修正系
　　数，无量纲，对地下水补给具有反向敏感变化。

表 5.1-2 　　　　　　　　　州域尺度土壤初始参数

土壤类型	土壤代码	$K_s/(cm/h)$	λ	TP_b	BS_b
砂土	1	23.56	0.694	1.5	1.04
壤砂土	2	5.98	0.553	1.5	1.04
砂壤土	3	2.18	0.378	1.5	1.04
粉壤土	4	1.32	0.252	1.5	1.04
影响结果	/	↑ ±	经验值	↓ +	↓ +

表 5.1-3 　　　　　　　州域尺度土地覆盖类型初始参数

土地覆盖类型	代码	林冠截留/mm	覆盖度/%	根区分布参数
落叶林	41	3	21	0.971
牧草地	81	3	21	0.97
耕地	82	3	21	0.964
草木丛湿地	90	0.75	21	1
影响结果	—	↓ −	↑ +	经验值

　　表 5.1-3 中的根区分布参数是文献的研究成果，校正过程未做调整；林冠截留量与
地下水补给强度间具有异向不敏感的关系；覆盖度与地下水补给强度间具有同向敏感的
关系。

5.1.3.3　USGS 回归法估算结果多尺度分析

　　根据 5.1.3.1 中流域的边界信息，采用对应的数据提取方法对 USGS 回归法估算的
地下水多年平均补给强度进行多级流域尺度分析，其结果如图 5.1-4 所示。由图可知，
1 级流域下 USGS 回归估算的地下水补给强度划分为 5 个等级，2～4 级流域估算的地下
水补给强度划分为 11 个等级；各级流域的结果都具有"西部高于东部"这一基本特征；
流域越小，所在流域尺度的地下水补给强度分辨率越大。

5.1.3.4　参数校正及模拟结果分析

　　1. 模拟参数校正结果

　　模拟过程参数校正结果见表 5.1-4 和表 5.1-5。

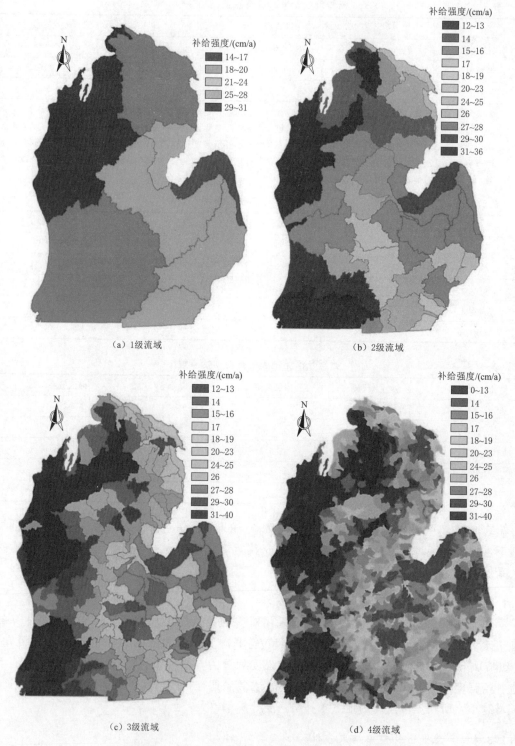

（a）1 级流域

（b）2 级流域

（c）3 级流域

（d）4 级流域

图 5.1 - 4　美国密歇根州地下水补给强度 4 级流域尺度分析（USGS 结果分析）

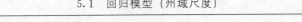

表 5.1-4 州域尺度土壤参数校正结果

土壤类型	土壤代码	K_s/(cm/h)	λ	TP_b	BS_b
砂土	1	40	0.694	0.6	0.6
壤砂土	2	35	0.553	0.8	0.8
砂壤土	3	25	0.378	1	1.14
壤土	4	20	0.252	1	1.14
影响结果	—	↑±	经验值	↓+	↓+

表 5.1-5 州域尺度土地覆盖类型参数校正结果

土地覆盖类型	代码	林冠截留/mm	覆盖度/%	根区分布参数
落叶林	41	3	60	0.971
牧草地	81	1.5	80	0.97
耕地	82	2	80	0.964
草木丛湿地	90	2	80	1
影响结果	—	↓—	↑+	经验值

2. 入渗补给物理过程模拟结果多尺度分析

根据 5.1.3.1 中流域的边界信息，采用对应的数据提取方法对入渗补给物理过程模型模拟的地下水多年平均补给强度进行多级流域尺度分析，其结果如图 5.1-5 所示，为方便比较，各级流域的图例与图 5.1-4 相同。

入渗补给物理过程模型模拟结果在各级流域尺度下都具有"西部高于东部"的这一基本特征，与 USGS 采用回归法估算结果类似；1 和 2 级流域尺度，因流域面积大，流域均值的地下水补给强度空间分辨率小，两种方法估算的地下水补给强度差异不大；3、4 级流域尺度下，在地下水补给强度较大的西侧，入渗补给物理过程模型模拟结果比 USGS 回归法估算结果小，而在地下水补给强度较小的东侧，入渗补给物理过程模型模拟结果比 USGS 回归法估算结果大。

因此，各级流域尺度下两种方法估算的地下水补给强度差异不大，但通过 3、4 级流域尺度的比较发现，在地下水补给强度较大的西侧，入渗补给物理过程模型模拟结果比 USGS 回归法估算结果小，而在地下水补给强度较小的东侧，入渗补给物理过程模型模拟结果比 USGS 回归法估算结果大。

3. 两种方法多尺度分析对比

为直观比较入渗补给物理过程模型模拟结果与 USGS 估算结果在各级流域下的差异，以 USGS 估算结果为横坐标，入渗补给物理过程模型结果为纵坐标，根据各级流域散点与 45°直线的位置关系评估模型校正结果，如图 5.1-6 所示。

由图 5.1-6 可知，在各流域尺度下，散点主要集中在 USGS 估算结果的 ±1 倍方差 45°直线构成的区域内，其都靠近 45°直线。因此，入渗补给物理过程模型模拟结果与 USGS 估算结果间的相似度高。但各级流域尺度下，拟合的趋势线与 45°直线存在一个夹角，该夹角的存在使得在地下水补给强度小的区域，入渗补给物理过程模型模拟结果偏

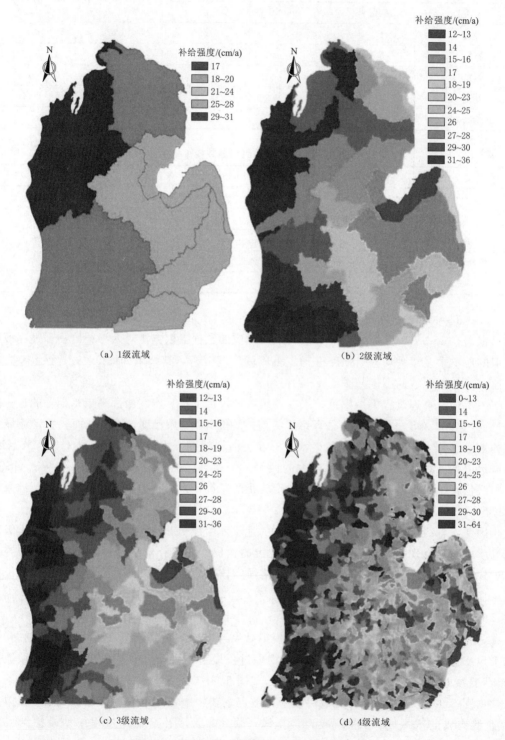

（a）1级流域

（b）2级流域

（c）3级流域

（d）4级流域

图 5.1-5　地下水补给强度 4 级流域尺度分析

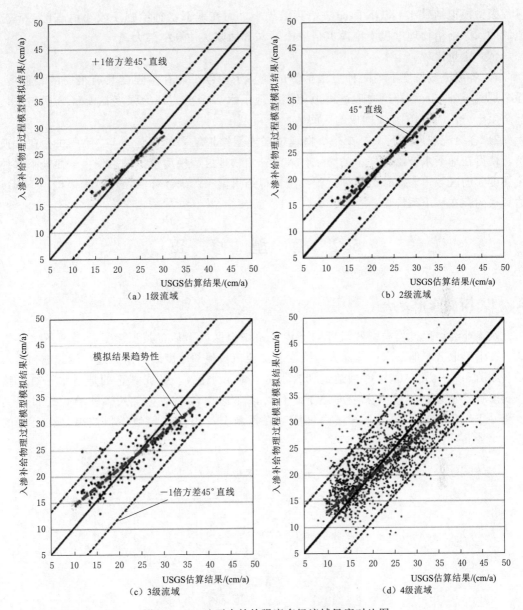

图 5.1-6　地下水补给强度多级流域尺度对比图

大，而地下水补给强度大的区域，入渗补给物理过程模型模拟结果偏小。因此，入渗补给物理过程模型与 USGS 估算法之间存在一个系统差异。

综上所述，将两种方法的地下水多年平均补给强度在 4 级流域尺度下进行比较，结果表明：

（1）定性比较：

1）各级流域尺度下，两种方法估算的地下水补给强度都具有西部高于东部这一基本特征。

2）3 级、4 级流域尺度下，在地下水补给强度较大的西侧，部分流域的入渗补给物理

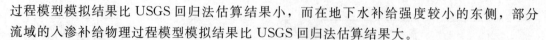

过程模型模拟结果比 USGS 回归法估算结果小，而在地下水补给强度较小的东侧，部分流域的入渗补给物理过程模型模拟结果比 USGS 回归法估算结果大。

（2）定量比较：

1）各级流域尺度下，两种方法估算的地下水多年平均补给强度具有很高的相似度，除个别流域外，入渗补给物理过程模型模拟地下水多年平均补给强度在 USGS 回归法估算结果±1 倍方差 45°直线构成的区间内。

2）各级流域尺度下，入渗补给物理过程模型模拟结果的趋势线与 45°直线存在一夹角，使得在地下水补给强度小的区域，入渗补给物理过程模型模拟结果偏大，而地下水补给强度大的区域，入渗补给物理过程模型模拟结果偏小。入渗补给物理过程模型与 USGS 估算法间存在一个系统误差。

5.2　模　型　修　正

5.2.1　模型修正方法

入渗补给物理过程模型假设降雨下渗至植被根区以下后，其下渗量就是地下水补给量。在干旱地区，地下水位埋深大，降雨下渗至植被根部厚度后，需通过一段非饱和含水层（如图 5.2－1 所示）才能到达饱和含水层（地下水位），形成真正的地下水补给。整个入渗补给物理过程模型未考虑地下水位，该非饱和含水层对于入渗补给物理过程模型是一个盲区，水分在这个盲区内可能存在重新分配过程，导致模拟结果存在上述的系统误差。

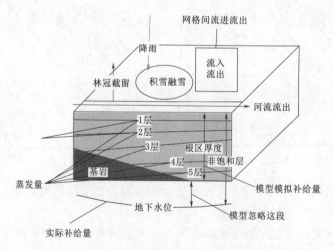

图 5.2－1　入渗补给物理过程模型纵向剖分

因植被根部厚度主要集中在 0.75～1.5m 区间，植被根部以下非饱和层厚度与整个非饱和层厚度差异不大。因此，本书采用地表高程至地下水位的距离（即整个非饱和层的厚度）对入渗补给物理过程模型的模拟结果进行修正，如式（5.2－1）所示。

$$Rech' = Rech(a\Delta z + b) \tag{5.2-1}$$

式中：$Rech$ 为入渗补给物理过程模拟的地下水补给强度，cm/a；$Rech'$ 为使用地表高程至地下水位距离修正后的地下水补给强度，cm/a；Δz 为地表高程至地下水位距离，m；a 为修正系数，m；b 为修正系数，无量纲。

5.2.2　模型修正结果

本书采用 USGS 回归法与入渗补给物理过程模型模拟的地下水补给强度之差为因变量，地表至地下水位距离为自变量，进行一元一次回归分析，得到式（5.2-1）的修正系数，见表 5.2-1。

表 5.2-1　　　　　　　　　　入渗补给物理过程模型修正系数

流域	a	b	有效流域数量
1 级	0.0095	0.8764	8
2 级	0.0094	0.8814	36
3 级	0.0092	0.8947	181
4 级	0.0120	0.8829	1509
综合参数	0.0100	0.8839	—

由表 5.2-1 可知，各级流域的修正系数 a 在 0.0092～0.0120 间变化，系数 b 在 0.8764～0.8947 间变化。因修正系数 a 为正直，故地表至地下水位距离越大，入渗补给物理过程模型与 USGS 回归估算法估算结果相差越大，反之则反。入渗补给物理过程模型修正前后结果与 USGS 回归估算结果比较如图 5.2-2 所示。

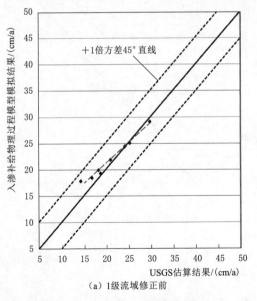

（a）1级流域修正前

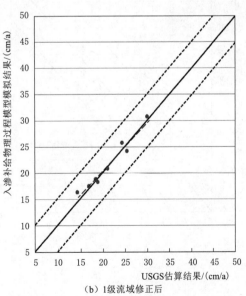

（b）1级流域修正后

图 5.2-2（一）　修正前后模拟结果对比

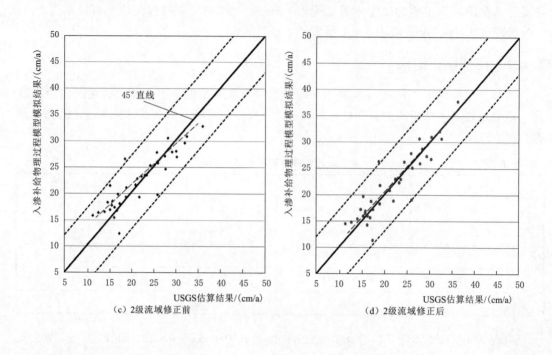

（c）2级流域修正前　　　　　　　　　　　（d）2级流域修正后

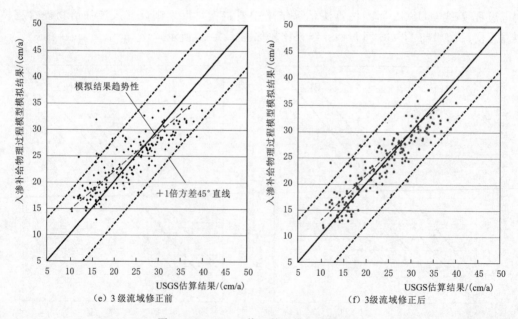

（e）3级流域修正前　　　　　　　　　　　（f）3级流域修正后

图 5.2-2（二）　修正前后模拟结果对比

　　由图 5.2-2 可知，根据式（5.2-1）及表 5.2-1 的系数对入渗补给物理过程模型进行修正后，入渗补给物理过程模型模拟结果与 USGS 回归法估算结果还是分布在±1 倍方

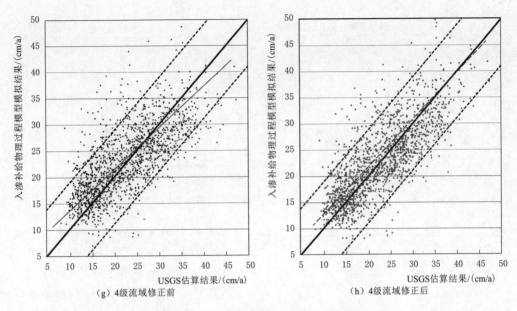

(g) 4级流域修正前　　　　　　　　　　(h) 4级流域修正后

图 5.2-2 (三)　修正前后模拟结果对比

差 45°直线构成区域内；虽然各流域尺度下两种方法估算结果散点与 45°直线存在夹角，但是其夹角与修正前相比逐渐变小。

式（5.2-1）及表 5.2-1 中的参数对入渗补给物理过程模型进行修正后，可以有效削弱植被根部以下非饱和层产生的系统误差。因此，采用整个非饱和层厚度修正入渗补给物理过程模型模拟的地下水补给强度合理。

5.3　衰退曲线位移法校正（月时间尺度）

5.3.1　衰退曲线位移法程序验证及参数敏感性分析

5.3.1.1　程序验证

本书根据 Arnold 和 Allen 在 1999 年提出的方法，并用其案例中伊利诺伊州 Goose 流域的地下水补给强度数据（根据水均衡法估算，水均衡中的各项实测获得）验证程序。Arnold 和 Allen 使用数字滤波得到基流，然后使用基流衰退曲线位移法研究伊利诺伊州 Goose 流域和 Panther 流域的地下水补给量，最后除以流域面积得到地下水补给强度[190]。本书使用伊利诺伊州 Goose 流域 1955—1958 年间的地表径流，验证自编的衰退曲线位移法程序，验证结果如图 5.3-1 所示。

图 5.3-1 中，"●"表示 Arnold 和 Allen 通过水平衡法（水平衡其他项通过实验方法测得）计算的地下水补给强度；"●"表示使用衰退曲线位移模型计算得到的 Goose 流域 1955 年 1 月至 1958 年 11 月地下水补给强度。由图可知，研究时段内水量平衡法捕获了 6 个地下水补给峰值，而作者编写程序捕获了其中 5 个较大的地下水补给峰值。1955 年 9

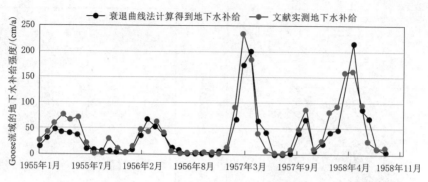

图 5.3-1　Goose 流域地下水补给强度（实测部分来自文献）

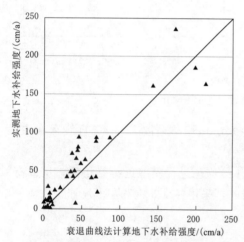

图 5.3-2　Goose 流域地下水补给强度对比

月地下水补给峰值为 30cm/a，未被程序自动识别。其可能原因是，其处在夏秋交界处，降雨时间间隔比流域面积所决定的滞后时间短，在识别过程中被忽略。两种方法估算结果对比如图 5.3-2 所示。

由图 5.3-2 可知，衰退曲线位移法计算得到的地下水补给强度与水量平衡法估算的地下水补给强度构成的散点分布在 45°直线附近，且主要在 45°直线上方。当地下水补给强度大于 40cm/a 时（即雨季），使用衰退曲线位移法计算得到的地下水补给强度只有 6 点在 45°线下方，故使用衰退曲线位移法计算的地下水补给强度偏小。

综上所述，虽然使用衰退曲线位移法估算的地下水补给强度相对于水量平衡法估算结果总体偏小，但两种方法的结果具有较强的相关性，可正确反映流域的地下水补给强度在时间上的变化趋势。

5.3.1.2　参数敏感性分析

衰退曲线位移法计算地下水补给的过程中，需要输入滤波参数与计算洪水消退的流域系数。滤波参数用在基流计算过程，而流域系数用于确定洪水消退时间。经验研究表明，洪水消退时间的经验公式应用较为广泛，争议较小。同时，因技术经济条件限制，基流测量困难，使得基流估算过程中的滤波参数甚至滤波器设计都存在较大的争议。本节对滤波参数进行敏感性分析，经验研究表明滤波参数为 0.925 时获得的基流最合理[190]。所以，本书将对比滤波参数分别为 0.950、0.875 与 0.925 时计算的地下水补给强度。

图 5.3-3 是滤波参数分别为 0.95 和 0.925 时，衰退曲线位移法估算的地下水多年月平均补给强度构成散点与 45°直线的关系。由图可知，除个别点外，2 个参数估算的结果构成的散点分布在 0.925 参数下计算结果的 ±1 倍方差 45°直线构成的区域内，增大滤波

参数不会使估算的地下水多年月平均补给强度发生质变；此外，地下水补给强度越小，散点越紧凑，且与45°线越接近，故增大滤波参数对地下水补给强度小的区域影响小，反之则反。

因此，增大滤波参数后，估算的地下水补给强度不会发生质变；增大滤波参数，对地下水补给强度大的区域的影响大于地下水补给强度小的区域。

图 5.3-4 是滤波参数分为 0.925 和 0.875 时，衰退曲线位移法估算的地下水多年月平均补给强度构成散点与45°直线的关系。由图可知，除个别点外，2个参数估算的结果构成的散点分布在 0.925 参数计算结果的 ±1 倍方差 45°直线构成的区间内，减小滤波参数不会使估算的地下水多年月平均补给强度发生质变；地下水多年平均补给强度小于 20cm/a 的区域，与45°直线吻合较好；地下水多年月平均补给强度大于 30cm/a 后，滤波参数为 0.875 时估算的地下水多年月平均补给强度普遍高于 0.925 情况下的估算结果，但总体结果未偏离45°直线。

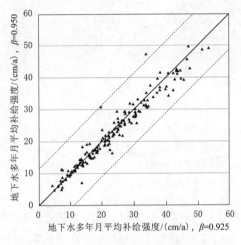 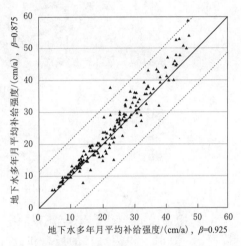

图 5.3-3　衰退曲线法计算获得地下水　　　　图 5.3-4　衰退曲线法计算获得地下水
补给强度（$\alpha=0.95$ 和 $\alpha=0.925$）　　　　补给强度（$\alpha=0.875$ 和 $\alpha=0.925$）

上述结果的原因是：减小滤波参数后，部分具有高频特征的直接径流未被过滤，使得估算的基流偏大，导致估算的地下水多年月平均补给强度偏大。因此，减小滤波参数不会使估算的地下水多年月平均补给强度发生质变；减小滤波参数，使得估算的地下水多年月平均补给强度增大。

综上所述，衰退曲线位移法估算地下水多年月平均补给强度时，滤波参数对估算结果有一定影响。增大滤波参数将使得估算结果减小，反之减小滤波参数会使估算结果增大。但是，滤波参数的变化不会使估算的地下水多年月平均补给强度发生本质变化。因此，该方法估算的地下水多年月平均补给强度可以用于入渗补给物理过程模型在月时间尺度的参数校正。

5.3.2　Grand River 流域介绍

选择密歇根州下半岛南部 Grand River 流域作为月时间尺度的校正对象。该流域由

3 个较大的子流域构成，流域面积 14438.56km²。流域内有 USGS 数十个水文站，其中 16 个水文站位于子流域出口位置（如图 5.3-5 所示），满足衰退曲线位移补给模型的应用条件。各个水文站的控制面积及相关信息见表 5.3-1，水文站分布如图 5.3-5 所示。

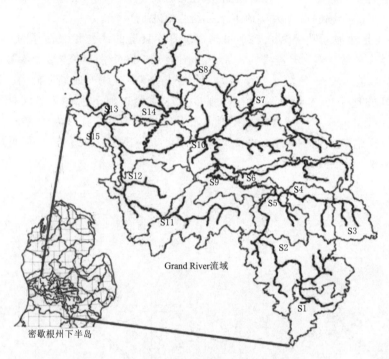

图 5.3-5　Grand River 流域水系及水文站分布图

图 5.3-5 描述了 Grand River 流域数字高程、1980 年 1 月 1 日至 2001 年 3 月 10 日的累计降雨量、1981 年 9 月 2 日的最高和最低气温。数字高程模型显示该流域流向为自东向西；1980 年 1 月 1 日至 2001 年 3 月 10 日期间，累计降雨量在 59.94～75.692cm（23.6～29.8in）间变化，流域下游的累计降雨量明显高于流域上游；1981 年 9 月 2 日研究区域的最高温度在 16.3～21℃间变化，而最低温度在 3.6～8.5℃间变化。东侧的最高气温高于西侧的最高气温，而西侧靠近密歇根湖的最低气温高于东侧的最低气温。因水的比热容比土壤砂石的比热容大，在接收相同热量前提下，密歇根湖周边的昼夜温差比远离密歇根湖周边的昼夜温差小，与 Rodney 的研究成果类似[215]。

图 5.3-7 描述了 Grand River 流域的土壤、植被及其相关参数分布。植被覆盖类型与曼宁系数的相关性强，Grand River 流域上有 Grand Haven、Allendale Charter Township、Grand Rapids 和 Lansing（East Lansing）共 4 个城镇，其植被覆盖的代码为 21、22、23（分别代表高、中、低密度城市开发用地），其曼宁系数较其他区域小；根区厚度主要分布在 0.84～1.0m 之间，局部地方的根区厚度大于 1.0m，整个研究区域，植被根区厚度偏小；土壤的饱和渗透系数无明显特征，整个流域的饱和渗透系数主要集中在 4.789～9.8m/d（5.54×10⁻³～1.13×10⁻³cm/s），靠近河口处因土壤中砂粒含量高，其饱和渗透系数最大。

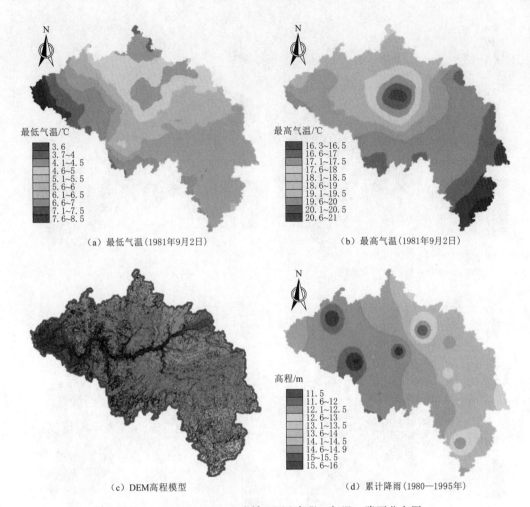

（a）最低气温（1981年9月2日）　　　　　（b）最高气温（1981年9月2日）

（c）DEM高程模型　　　　　　　（d）累计降雨（1980—1995年）

图 5.3-6　Grand River 流域 DEM 高程、气温、降雨分布图

5.3.3　Grand River 流域地下水多年月平均补给强度

5.3.3.1　Grand River 流域地下水多年月平均补给强度

根据 4.3 部分提及的衰退曲线位移模型估算出 Grand River 流域有 16 个 USGS 水文站控制面积的地下水多年月平均补给强度，以各水文站的控制面积占流域面积比重为权重系数，获得 Grand River 流域的地下水多年月平均补给强度，如图 5.3-8 所示。

由图 5.3-8 所知，Grand River 流域地下水多年月平均补给强度在 10.50～40.82cm/a 范围变化。此外，流域地下水多年月平均补给强度从夏末（8 月）开始逐渐上升，到次年春季（3 月）达到最大值（40.82cm/a）；随后又一直下降到 10.50cm/a。流域地下水多年平均补给强度的变化趋势主要受流域降雨、蒸腾蒸发等因素影响。

表 5.3-1　　　　　　　密歇根州 Grand River 流域水文站参数表

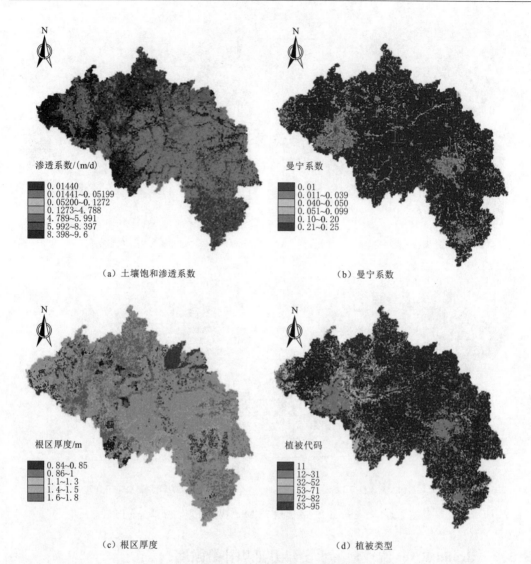

图 5.3 - 7　Grand River 流域土壤及其参数分布图

序号	USGS 站点编号	坐标		流域面积/km²		数据时段
		X	Y	控制面积	分割面积	
1	04109000	631085	193849	439.44	439.44	1980 年 1 月—2013 年 12 月
2	04111000	612962	221410	1809.55	1370.11	1980 年 1 月—2013 年 12 月
3	04111379	645770	238511	420.99	420.99	1980 年 1 月—1989 年 9 月
4	04112500	624473	242991	890.58	469.59	1980 年 1 月—2013 年 12 月
5	04113000	618107	245468	3237.83	537.70	1980 年 1 月—2013 年 12 月
6	04114500	599701	253931	735.52	735.52	1980 年 1 月—1996 年 9 月
7	04115000	606198	285158	1072.91	1072.91	1980 年 1 月—2013 年 12 月
8	04115265	582568	300372	96.65	96.65	1987 年 10 月—2013 年 12 月

序号	USGS 站点编号	坐标		流域面积/km²		数 据 时 段
		X	Y	控制面积	分割面积	
9	04114000	588741	256769	3643.78	405.95	1980 年 1 月—2013 年 12 月
10	04116000	575773	269441	7403.94	1855.08	1980 年 1 月—2013 年 12 月
11	04117500	562511	229756	1062.76	1062.76	1980 年 1 月—2013 年 12 月
12	04118000	542115	251279	2058.72	995.96	1980 年 1 月—1994 年 9 月
13	04116500	559744	278254	1370.61	1370.61	1980 年 1 月—1986 年 9 月
14	04118500	533168	281334	637.14	637.14	1980 年 1 月—2013 年 12 月
15	04119000	526258	268222	12666.46	1196.05	1980 年 1 月—2013 年 12 月
16	04120250	480290	278828	14438.56	1772.1	1994 年 4 月—1995 年 10 月

Grand River 流域地处中、高纬度带，其降雨主要集中在 7—9 月和 11 月至次年 2 月两个时间段内。7—9 月主要以降雨为主，而 11 月至次年 2 月主要以降雪为主。夏季地下水补给强度最小主要是因夏季蒸腾蒸发量大导致；秋季植被蒸腾蒸发强度随气温下降而降低，使得地下水多年月平均补给强度逐步回升；冬季降雨相对较少，但最低气温甚至最高温度都在冰点以下，降雨以降雪为主，大部分在地表以冰雪形式积累，不能下渗形成地下水补给；春季随着气温回升，冬季沉积的冰雪融化，渗入土壤形成地下水补给。

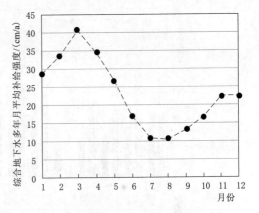

图 5.3-8 Grand River 流域综合地下水多年月平均补给强度

综上所述，使用衰退曲线位移法估算的 Grand River 流域地下水多年月平均补给强度可以充分反映流域的降雨与气温变化特征。

5.3.3.2 水文站分割区域的补给强度

（1）分割区域春季补给强度。Grand River 流域 16 个水文站分割面积春季补给强度如图 5.3-9 所示。

由图 5.3-9 可知，16 个站点春季的地下水多年月平均补给强度变化差异较大。3 月地下水补给强度在 26.7～53.68cm/a 间变化，4 月地下水补给强度在 11.67～47.70cm/a 间变化，5 月地下水补给强度在 18.25～36.23cm/a 间变化；除 S16 站外，其余的站点在春季的地下水补给强度变化趋势与流域地下水补给强度变化特征一致[216]。

（2）分割区域夏季补给强度。Grand River 流域 16 个水文站分割面积夏季补给强度如图 5.3-10 所示。

图 5.3-10 可知，除 S16 水文站外，6 月的地下水补给强度显著大于 7 月和 8 月，在 12.70～25.31cm 之间变化；7 月和 8 月虽然降雨量多，但理论上的潜在蒸腾蒸发量最大，

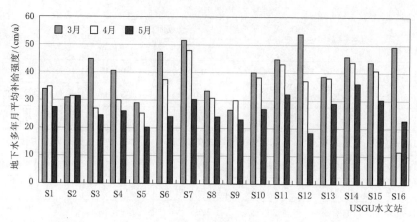

图 5.3-9　Grand River 流域春季地下水多年月平均补给强度

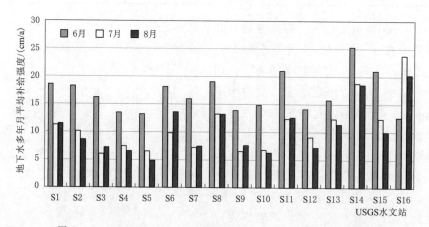

图 5.3-10　Grand River 流域夏季地下水多年月平均补给强度

导致该时间段的地下水补给强较小；计算结果表明，7 月地下水补给强度在 7.28～23.54cm 范围变化，而 8 月地下水补给强度在 5.06～20.21cm 范围变化。

（3）分割区域秋季补给强度。Grand River 流域 16 个水文站分割面积秋季补给强度如图 5.3-11 所示。

由图 5.3-11 可知，9 月地下水补给强度在 4.31～23.78cm/a 间变化，10 月地下水补给强度在 9.24～28.45cm/a 间变化，11 月地下水补给强度在 12.45～47.34cm/a 间变化；除 S13 水文站外，其余站点在秋季的变化符合流域变化特征。

（4）分割区域冬季补给强度。Grand River 流域 16 个水文站分割面积冬季补给强度如图 5.3-12 所示。

由图 5.3-12 可知，12 月地下水补给强度在 13.04～33.85cm/a 间变化，1 月地下水补给强度在 15.29～43.40cm/a 间变化，2 月地下水补给强度在 18.95～46.57cm/a 间变化；所有站冬季的地下水补给强度都逐渐升高，与流域地下水补给强度的变化趋势一致。

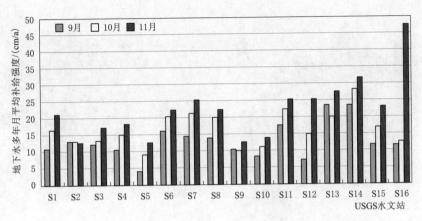

图 5.3-11 Grand River 流域秋季地下水多年月平均补给强度

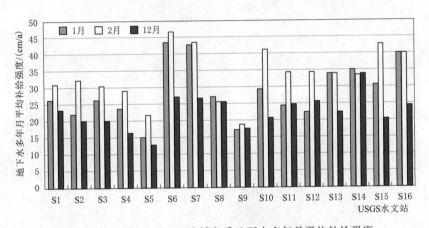

图 5.3-12 Grand River 流域冬季地下水多年月平均补给强度

5.3.3.3 Grand River 流域地下水季度平均补给强度空间分布

Grand River 流域 16 个水文站点控制面积内的地下水多年季平均补给强度分布如图 5.3-13 所示。春季地下水多年平均强度在 20~45cm/a 间变化，流域中游地下水补给强度大于流域上游和下游；夏季地下水多年平均补给强度在 8~30cm/a 间变化，流域上游的补给强度低于下游；秋季地下水多年平均补给强度在 10~30cm/a 间变化，与夏季类似，上游的地下水补给强度低于下游地下水补给强度；冬季地下水多年平均补给强度在 15~45cm/a 间变化，流域北面的地下水补给强度高于南部的地下水补给强度。

由此可知，Grand River 流域地下水多年季平均补给强度具有"春季＞冬季＞秋季＞夏季"的规律。其主要原因有：Grand River 流域甚至整个密歇根州都处在中、高纬度带，虽然降雨主要集中在 4—10 月，且该时间段主要以降雨为主，但春末至秋初的气温为一年中最高的月份，植被蒸腾蒸发量大，在植被蒸腾蒸发后使得该时间段内的地下水补给强度小；11 月至次年 3 月，虽然降雨相对较少，且该月份的最低气温甚至最高气温都低于冰点温度，冬季降雪除部分下渗形成地下水补给外，大多数以冰雪形式覆盖在地表，瞬时温度高于冰点时就会下渗形成地下水补给；春季气温回暖，冬季沉积的冰雪将融化下渗到土

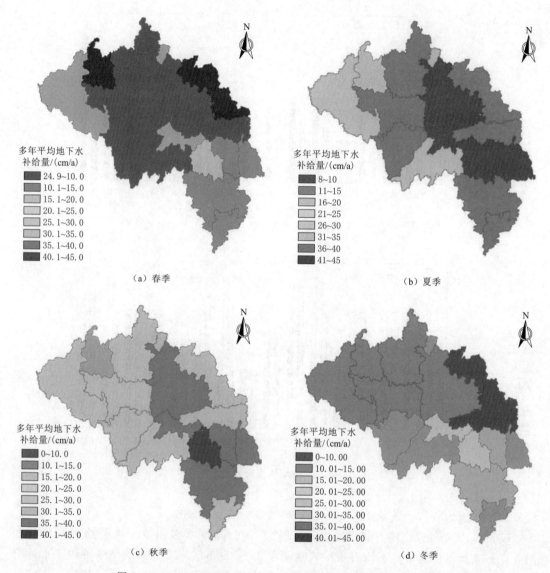

图 5.3-13　Grand River 流域地下水四季多年季平均补给强度

壤中，形成地下水补给。

　　Grand River 流域的植被覆盖度高，加之夏季气温相对较高，蒸腾蒸发量是一年中最大的季节，导致夏季 Grand River 流域的地下水补给强度是一年中最小的季节；秋季的降雨虽然减少，但其气温回落，植被的蒸腾蒸发量急剧下降，使得秋季地下水多年平均补给强度有上升的趋势；冬季虽然大部分的降雨以冰雪形式堆积在地表，但是在气温大于冰点的期间，部分积雪也会融化渗入土壤中，形成地下水补给。

　　综上所述，采用衰退曲线位移模型计算 Grand River 流域的地下水多年月平均补给强度在月、季时间尺度上分布合理，可以将其结果用于入渗补给物理过程模型的月时间尺度参数校正过程。

5.3.4　参数校正

5.3.4.1　校正方法

5.1部分从年时间尺度、州域空间尺度校正了入渗补给物理过程模型的参数，校正过程中未调节控制地下水补给时间分布的参数，比如降雪融雪系数、蒸腾蒸发参数、降雨强度等。而衰退曲线位移法校正主要针对月时间尺度和流域空间尺度，所以该尺度校正过程中将调整控制地下水时间分布的物理量。

根据3.1部分模型参数控制的水均衡项，降雪融雪因子主要调整秋末至第二年初春的地下水补给强度（11月1日至次年4月30日）；植物蒸腾蒸发受气温的影响大，通过改变各类土壤蒸腾蒸发修正系数、植被覆盖度、植被根密度分布等调整夏天、初秋的地下水补给强度；土壤饱和渗透系数及降雨时间是控制下渗至表层土壤的水分量。

因此，该尺度校正过程中，参数调整遵循以下原则：

（1）参数调整范围必须具有可靠来源或科学依据，不能为了获得匹配的结果，使得土壤、植被等的物理参数超出其理论范围。

（2）基于州域尺度下的土壤类型、土地覆盖类型的相关参数，调整黏壤土、黏土及砂黏壤土3类土壤类型和完全开发区、常绿林、低密度开发区、牧场、水域、灌木林、草本湿地、混交林、中密度开发区、高密度开发区及裸露岩石区11类土地覆盖类型的参数，控制流域尺度的地下水补给强度。

（3）通过调整上述11类土地覆盖类型的覆盖面积，控制局部区域的蒸发总量。

（4）通过调整上述3类土壤类型的蒸腾蒸发量修正系数，控制局部的蒸发量。

（5）基于以上参数，调整四季的降雨时间，从而调整降雨强度，控制四季初始入渗水强度。

（6）调整雪堆参数，控制积雪时间段内的融雪总量及融雪速率。

（7）密歇根州地处高纬度带，每年11月底至次年4月为积雪融雪时间段，可通过调整降雪融雪系数来控制该时间段的地下水补给强度。

（8）将模拟结果与5.3.3节估算的Grand River流域16个水文站控制面积的地下水补给强度进行对比，选择相关性高的参数组合方式。

流域尺度下，参数组合方式见表5.3-2～表5.3-4。

表5.3-2　　　　　　　流域尺度下降雨、雪堆参数校正结果

参数名称	雪　堆　参　数					降雨时间/h			
	T/h	T_1	$Smelt_1$	T_2	$Smelt_2$	春	夏	秋	冬
参数值	12	11月1日	1.5	5月1日	2	4	2	12	12
影响结果	↑—	经验值	↑—	经验值	↓—	↑±	↑±	↑±	↑±

表5.3-2中，雪堆部分参数与州域尺度下的校正结果一致；四季的降雨时长与地下水补给强度具有同向变化，且在一个区域内地下水补给强度受降雨时长影响较大。当降雨时长大于某个值后（由降雨量与表层土壤的渗透系数决定），地下水补给强度对于降雨时长不敏感。

表 5.3-3 　　　　　　　　　　　流域尺度土壤参数校正结果

土壤类型	土壤代码	K_s/(cm/h)	$Lambda$	TP_b	BS_b
砂黏壤土	7	0.3	0.319	1	1.04
黏壤土	8	0.15	0.242	1.5	1.5
黏土	12	0.06	0.165	1.2	1.04
影响结果	—	↑±	经验值	↓+	↓+

与州域尺度类似,因 K_s 控制水分在各层土壤中的下渗过程,与地下水补给强度具有同向变化趋势,但只在一定范围内,地下水补给强度对 K_s 的变化敏感;而 TP_b 和 BS_b 与地下水补给强度具有异向变化趋势,且地下水补给强度对其都较敏感。

表 5.3-4 　　　　　　　　　　　流域尺度土地覆盖类型参数校正结果

土地覆盖类型	代码	所占比例/%	林冠截留/mm	覆盖度/%	根区分布参数
水域	11	2.85	0	10	1
完全开发区	21	6.38	0	30	0.965
低密度开发区	22	4.69	1	30	0.965
中密度开发区	23	1.68	1	30	0.965
常绿林	42	4.53	3	80	0.968
混交林	43	1.90	3	80	0.976
牧场	71	4.23	1.5	60	0.972
影响结果	—	—	↓−	↑−	经验值

表 5.3-3 和表 5.3-4 中涉及 3 类土壤类型和 7 类土地覆盖类型,因其所占网格比例有限,只影响流域内局部地方的地下水补给强度。

5.3.4.2　校正结果

在校正过程中,主要的参考指标是用衰退曲线法计算得到的 Grand River 流域 16 个水文站控制面积内的地下水多年平均补给强度、地下水多年月平均补给强度。

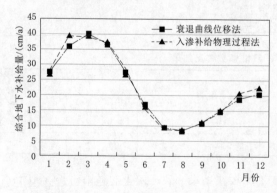

图 5.3-14　Grand River 流域地下水
多年月平均补给强度

1. 流域综合地下水多年月平均补给强度

通过 ArcGIS 提取入渗补给物理过程模型计算得到的 Grand River 流域 16 个水文站控制面积内地下水多年月平均补给强度,并与衰退曲线法计算的地下水多年月平均补给强度进行对比,结果如图 5.3-14 所示。

图 5.3-14 描述了 Grand River 流域衰退曲线位移法与入渗补给物理过程模型估算的综合地下水多年月平均补给强

度的变化趋势。由图可知，一个水文年内两种方法估算的流域综合地下水补给强度具有较高的相似度，且其变化趋势基本一致。入渗补给物理过程模型估算值在 11 月、12 月、2 月大于衰退曲线补给法计算结果。其中，入渗补给物理过程模型估算结果在 11 月、12 月结果偏大主要受积雪模拟过程影响；而 2 月估算结果偏大主要受融雪模拟过程影响。除 3 个月外，其他月份的流域综合地下水补给强度差异不明显。

因此，衰退曲线位移法与入渗补给物理过程模型估算的流域地下水多年月平均补给强度相似度高，变化趋势一致。入渗补给物理过程模型在月时间尺度、流域空间尺度较好捕获了地下水补给的物理过程。

2. 流域地下水多年月平均补给强度

图 5.3-15 直观描述了衰退曲线位移法和入渗补给物理过程模型估算的 Grand River 流域 16 个水文站 12 个月的地下水多年月平均补给强度的相关关系。由图可知，除个别点外，两种方法估算结果构成的散点均匀分布在衰退曲线位移法估算结果±1 倍方差 45°

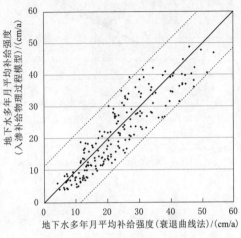

图 5.3-15 Grand River 流域衰退
曲线法校正结果示意图

线构成的区间内。当地下水多年月平均补给量小于 25cm/a 时，落在 45°直线下方的散点多数落在其上方的散点，说明入渗补给物理过程模型模拟结果在该区域内偏小；而在大于 25cm/a 后，散点虽在±1 倍方差 45°直线间，但发散在 45°直线两侧，因此两种方法估算的地下水多年月平均补给强度差异相对较大。

图 5.3-16 描述了衰退曲线位移法与入渗补给物理过程模型估算的 Grand River 流域各水文站的各月地下水多年平均月补给强度的相关关系。由图可知：

（1）4—10 月的地下水多年月平均补给强度在 5~45cm/a 间变化，两种方法估算的地下水多年月平均补给强度构成散点与 45°直线非常接近，入渗补给物理过程模型可以较客观地反映这 7 个月的地下水补给强度。

（2）1 月、2 月和 12 月的地下水多年月平均补给强度在 15~45cm/a 间变化，入渗补给物理过程模型估算的结果高于衰退曲线位移法估算结果。以上 3 月是密歇根州降雨主要以降雪为主的时段。入渗补给物理过程模型估算结果偏高的原因是积雪模型中，控制积雪量的参数偏小造成下渗形成的地下水补给强度偏高。未来可改进积雪模型提高入渗补给物理过程模型在月时间尺度上的精度。

（3）入渗补给物理过程模型估算 3 月的地下水多年月平均补给强度小于 30cm/a 时，其结果较衰退曲线位移法计算结果小；大于 30cm/a 时，结果与衰退曲线吻合度较高。原因在于 3 月气温回暖，冬季积雪在 3 月开始大量融化，而融雪参数是全局变量，未针对 3 月的融雪单独设置变量，因此造成 3 月估算结果偏小。

综上所述，入渗补给物理过程模型模拟结果与衰退曲线位移法模拟结果所构成的散点主要分散在 45°直线两侧，具有较大的相关性。但也存在一些问题：积雪季节估算的地下

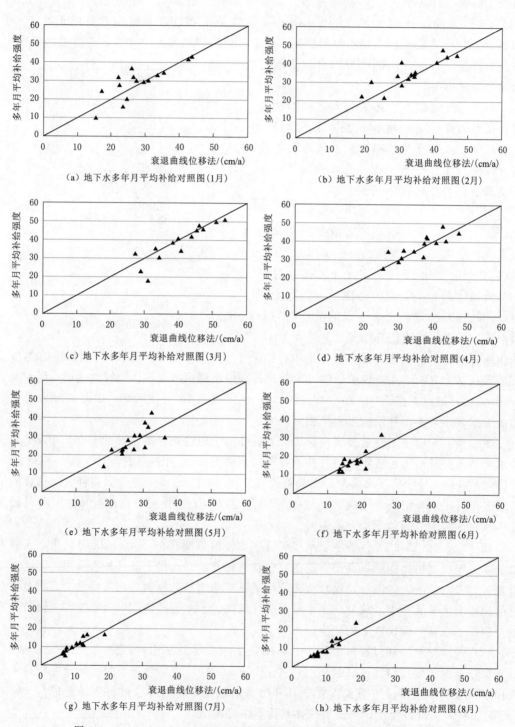

（a）地下水多年月平均补给对照图(1月)　　　　（b）地下水多年月平均补给对照图(2月)

（c）地下水多年月平均补给对照图(3月)　　　　（d）地下水多年月平均补给对照图(4月)

（e）地下水多年月平均补给对照图(5月)　　　　（f）地下水多年月平均补给对照图(6月)

（g）地下水多年月平均补给对照图(7月)　　　　（h）地下水多年月平均补给对照图(8月)

图 5.3 - 16 （一）　Grand River 流域地下水多年月平均补给强度校正结果

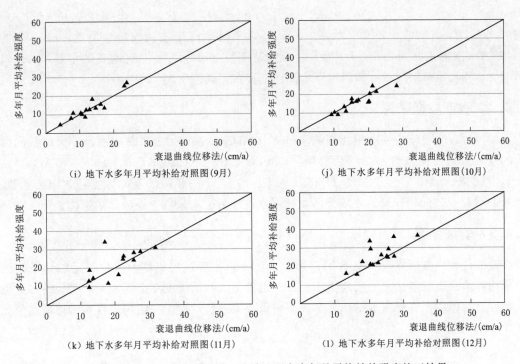

（i）地下水多年月平均补给对照图（9月）   （j）地下水多年月平均补给对照图（10月）

（k）地下水多年月平均补给对照图（11月）   （l）地下水多年月平均补给对照图（12月）

图 5.3-16（二） Grand River 流域地下水多年月平均补给强度校正结果

水多年月平均补给强度偏高，需要进一步研究改进积雪模型；积雪或融雪初始发生时（11月），入渗补给物理过程模型对温度或其他参数反应敏感，部分估算结果偏差较大，需要进一步研究积雪融雪模型过渡期的敏感性。因此，月时间尺度和流域空间尺度上两个结果基本吻合，但需进一步研究模型在过渡时期的敏感性。

5.4 地 下 水 位 验 证

5.4.1 验证方法

校正地下水补给的参数后，将计算得到的多年平均补给量分配给地下水模型，模拟地下水水位的变化情况，从而验证地下水补给模型的准确性。使用地下水流运动方程来模拟地下水位变化，如式（5.4-1）所示。

$$S_y \frac{\partial h}{\partial t} = \frac{\partial}{\partial x}\left[(h - h_0)K_x \frac{\partial h}{\partial x}\right] + \frac{\partial}{\partial y}\left[(h - h_0)K_y \frac{\partial h}{\partial y}\right] + C_t \quad (5.4-1)$$

式中：h 为地下水位，m；h_0 为底板高程，m；K_x 为 x 方向的渗透系数，m/d；K_y 为 y 方向的渗透系数，m/d；S_y 为孔隙度，无量纲；C_t 为 t 时刻的源汇项，d；t 为模拟时间，d。

式（5.4-1）中的源汇项 C_t 包含地下水补给、河流或湖泊渗漏量、含水层的抽水量、基流量以及排到地表的水量，用式（5.4-2）表示：

$$C_t = aR_t + bL_t - cW_t - dB_t - eD \qquad (5.4-2)$$

式中：R_t 为 t 时刻的地下水补给量，m；L_t 为 t 时刻河流或湖泊的渗漏量，m；W_t 为 t 时刻含水层的抽水量，m；B_t 为 t 时刻的基流量，m；D 为排到地表的水量，m；a、b、c、d 和 e 为布尔变量，如果地下水源或汇存在，其值为 1，否则为 0。

5.4.2　验证数据来源

模拟过程来自于由密歇根州环境质量部（MDEQ）、USGS 和密歇根州立大学共同完成的地下水资源调查与制图项目成果 [Groundwater Inventory and Map（GWIM）Project，密歇根州 148 号公共法令（Public Act 148）]。本书模拟的基础数据，如渗透系数、地面 DEM、基岩面 DEM、流域分区、地下水位等数据均来自于该项目数据库。

5.4.3　验证结果

验证过程中分别模拟 USGS 回归法、入渗补给物理过程模型及其修正后的地下水多年平均补给强度三组情况下的地下水位。三组情况除补给强度不一样以外，其他的参数完全相同。模拟后，选择密歇根州 3 个典型一级流域进行对比，三组情况模拟的地下水位如图 5.4-1 所示。

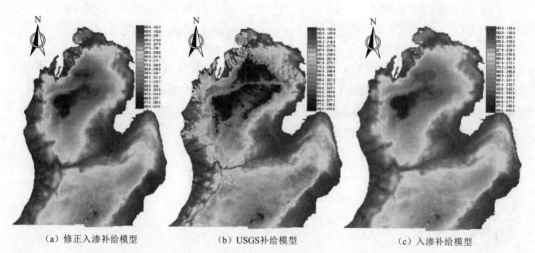

(a) 修正入渗补给模型　　　　　　(b) USGS补给模型　　　　　　(c) 入渗补给模型

图 5.4-1　不同补给条件下密歇根州下半岛地下水位模拟

5.4.4　验证结果分析

由图 5.4-1 可知，三组模拟的水头分布总体一致，在北部和南部均有两个地下水位较高的区域。地下水补给河流进入地表水系，然后流入密歇根湖和休伦湖，体现了区域地下水流的总体特征。但是不同方法计算补给强度下，引入渗补给物理过程模型模拟的地下水补给具有更强的空间变异性，因此表现更多的局部水头变化和流场的空间变异。

密歇根州下半岛有 8 个 1 级流域，共有已知水位的水井 250 万个。选择西南部的 1 级流域，将这些水井数据导入模型中，将模型模拟的水位与其进行对比，3 组模拟对比结果如图 5.4-2 及图 5.4-3 所示。图中，45°直线表示模拟水位与已知水井水位相等，越靠近45°直线的散点，其计算误差越小，模拟效果越好。

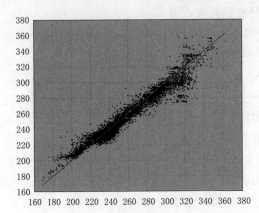 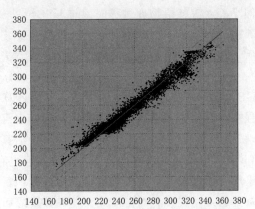

图 5.4 - 2　基于 USGS 估算结果的模拟水头　　　图 5.4 - 3　基于入渗补给物理过程（修正后）
　　　　与监测井水位对比图　　　　　　　　　　模型的模拟水头与监测井水位对比图

　　两组情景模拟水头与实际水位的均方根误差 $RMSE$ 分别是 7.9425m 和 7.0149m，区内最大水头差为 230.5m，因此模拟的相对误差分别为 3.45％ 和 3.04％。模拟过程中划分的网格大小为 1.6km，属于大尺度上的地下水数值模拟，但是水井的距离具有随机性，相邻水井之间的距离由十几米到几千米不等，且水井只能体现水井位置处及周边局部区域水位的分布，为中小尺度信息，使得模拟结果与水井水位均存在误差。但由实际的均方根误差可知，入渗补给物理过程及其修正模型的结果稍好于 USGS 回归法的结果。入渗补给物理过程模型综合气温、降雨、植被、土壤、地形等众多因素，其模拟的结果在保证地下水区域变化特征的前提下，通过改变局部的地下水补给强度，使得局部流场发生改变。

　　因此，入渗补给物理过程模型具有更多的空间信息（比如气温、降雨、植被、土壤、地形等），流场模拟过程中，其空间变异性导致的水位差更接近真实的水头分布。

5.5　本　章　小　结

　　目前，因技术或经济条件限制不能直接测量地下水补给量或补给强度。本书在研究过程中，使用第三方研究成果（USGS 回归法估算的地下水补给强度）或第三方法（衰退曲线位移法）计算的地下水补给强度在入渗补给物理过程模型多流域尺度及月时间尺度上进行校正；在第三方研究成果完全正确的假设，对入渗补给物理过程模型进行修正，并将地下水补给强度用于州域尺度下的地下水位模拟。

　　（1）入渗补给物理过程模型模拟结果与 USGS 回归法估算结果在 4 级流域尺度的校正过程中得到如下结论：各级流域尺度下，两种方法估算的地下水补给强度都具有西部高于东部这一基本特征；各级流域尺度下，两种方法估算的地下水多年平均补给强度相似度高，除个别流域外，入渗补给物理过程模型模拟地下水多年平均补给强度在 USGS 回归法估算结果±1 倍方差 45°直线构成的区间内；各级流域尺度下，入渗补给物理过程模型模拟结果的趋势线与 45°直线存在一夹角，使得在地下水补给强度小的区域，入渗补给物理过程模型模拟结果偏大，而地下水补给强度大的区域，入渗补给物理过程模型模拟结果偏小。入渗补给物理过程模型与 USGS 回归法估算结果间存在一个系统误差。

（2）使用非饱和层厚度的线性方程修正入渗补给物理过程模型模拟的地下水补给强度后，与 USGS 回归法估算结果间的系统误差减小甚至消失。

（3）将密歇根州 Grand River 流域划分为 16 个区域，每个区域的出口位置都有 1 个 USGS 的水文站，根据衰退曲线位移法计算每个水文站控制区域的地下水多年月平均补给强度，并用于校正入渗补给物理过程模型月时间尺度的参数，得到如下结论：入渗补给物理过程模型模拟结果与衰退曲线位移法估算结果所构成的散点主要分散在后者±1 倍方差 45°直线构成的区域内，且相关性强。但也存在一些问题：积雪季节估算的地下水多年月平均补给量偏高，需要进一步研究改进积雪模型；积雪或融雪初始发生时（11 月），入渗补给物理过程模型对温度或其他参数反应敏感，部分模拟结果偏差较大，需要进一步研究积雪融雪模型过渡期的敏感性。因此，月时间尺度和流域空间尺度上两个结果基本吻合，但需进一步研究模型在过渡时期的敏感性。

（4）将 USGS 回归法、入渗补给物理过程模型及其修正后的地下水多年平均补给强度作为源汇项，在稳定流情况下模拟密歇根州的流场。结果表明 3 组情景模拟水头与实际水位的均方根误差（RMSE）分别是 7.9425m、6.9511m 和 7.0149m，相对误差分别为 3.45%、3.02% 和 3.04%。基于入渗补给物理过程模型的补给强度下的模拟稳定流场模拟的地水位具有更强的空间变异性，更接近真实的水头分布。

参 考 文 献

[215]   Rodney W. Effect of different daytime and night－time temperature regimes on the foliar respiration of Pinus taeda：Predicting the effect of variable temperature on acclimation [J]. Journal of Experimental Botany，2000，51（351）：1733－1739.

[216]   Zhang J.，Zhang L. Y.，Xie，Q.，et al. An Empirical method to investigate the spatial and temporal distribution of annual average groundwater recharge intensity－a case study in Grand River，Michigan，USA [J]. Water Resource Management，2016，30：195－206.

第6章 入渗补给模型的应用

本章的主要内容包括模型结果的经验分析及其应用。首先分析模拟输出结果及州域尺度的地下水多年月平均补给强度的变化趋势；其次，分析多时间尺度下地下水多年平均补给强度；最后，在假设的气象情景下对地下水补给强度变化趋势进行模拟，并采用通径分析法分析地下水补给强度变化的原因。假设全球变暖的情景下，模拟密歇根州地下水补给并分析其变化成因是本书的创新点之一。

6.1 入渗补给物理过程模拟结果及分析

5.1节利用USGS回归模型估算的地下水多年平均补给量校正入渗补给物理过程模型的参数。校正结果表明，在各级流域尺度下，两种方法估算流域地下水多年平均补给强度间存在较强的相关性。本节首先简要分析研究时段内入渗补给物理过程模型模拟密歇根州下半岛地下水补给强度过程中输出的累计降雨量、累计蒸发量、累计入渗量等结果；然后对累计降雨量、累计入渗量、累计林冠截留量、土壤水分变化量等进行水均衡分析，并获得累计降雨量、累计入渗量及累计蒸腾蒸发量三者间的经验公式；随后，对各类植被类型的累计蒸腾蒸发量与土壤根部厚度和网格纵向序号（可近似替代纬度或温度）的关系进行经验研究；最后在设定情景下，模拟密歇根州下半岛的地下水补给强度，并分析典型区域地下水补给强度变化的原因。

6.1.1 入渗补给物理过程模拟结果

选择密歇根州下半岛作为研究对象，使用IGW软件中的入渗补给物理过程模块模拟1970年1月1日至2013年12月31日期间密歇根州下半岛的地下水补给量（开始统计时间为1980年1月1日，结束时间为2005年12月31日，选择该时间段是因为USGS回归法估算过程也是基于此时间段）。研究区域呈"手掌"形，长360.843km，宽454.486km，采用220×277的正方形网格，网格边长1.648km。模拟过程使用5.1节和5.2节中校正的参数，并将累计降雨量、累计入渗量、累计蒸腾蒸发量等以栅格数据文件和文本格式文件输出。

研究期间，密歇根州下半岛的累计降雨

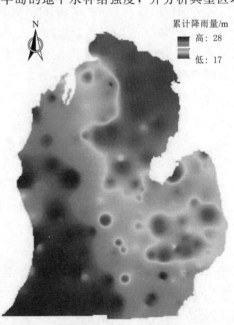

图6.1-1 研究期间密歇根州下半岛累计降雨量

量如图 6.1-1 所示。由图可知，研究期间密歇根州下半岛的累计降雨量可划分为 4 个区域，其中西南地区的累计降雨量最多，大于 23m，而最少的东北部地区累计降雨量少于 20m；西南与东北部两个区域间，有一个过渡区域，其累计降雨量在 20～23m 之间；中东部地区（手掌拇指处），其累计降雨量比附近的累计降雨量少，在 20～21m 之间。上述的密歇根州的累计降雨变化规律与 Butler 等在 2008 年研究成果中获得的趋势相同[217]。

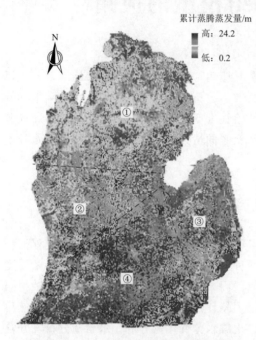

图 6.1-2　研究期间密歇根州下半岛
累计蒸腾蒸发量

图 6.1-2 是入渗补给物理过程模型模拟的累计蒸腾蒸发量。由图可知，研究期间的累计蒸腾蒸发量虽不具有如累计降雨类似的明显分级特征，但也可以大致划分为 4 个不同的区域：密歇根州下半岛的南部（即④号区域）地区的累计蒸腾蒸发量最大，多数点在大于 22m 的范围；中部和东部地区（即②号和③号区域），其累计蒸腾蒸发量分别在 19～20m 和 20～21m 区间；北部地区（即①号区域）的累计蒸腾蒸发量最小，在 0.2～10m 的区间。入渗补给物理过程模拟的南部地区累计蒸腾蒸发量高于北部地区，这与 Martha 等 2007 年的研究成果吻合[218]。

因各网格的地下水多年平均补给强度通过累计入渗量计算，因此研究期间累计入渗补给量与地下水多年平均补给强度理论上具有相同的空间分布特征，入渗补给物理过程模型输出的累计入渗补给量及地下水多年平均补给强度如图 6.1-3 所示。由图可知，两者都具有西部高于东部的特征。

统计发现，累计入渗量主要在 2.36～8.90m 间变化，其均值为 4.63m，方差为 2.27。而模型少量网格的累计入渗量大于其累计降雨量（其中最大累计入渗量为 68m），其主要原因为：根据模型设计的算法，在计算网格入流量和出流量时，若网格处为"凹"地形，四周网格多余水量都将流向"凹"处网格，并参与入渗补给计算，所以在计算累计入渗量和蒸腾蒸发量时，都可能会出现累计蒸腾蒸发量或累计入渗量或两者之和大于累计降雨量的情形。根据结果，这些累计入渗量大于降雨量的网格都位于地势低洼的湖泊地区，与模型设计的网格流入与网格流出的物理过程相吻合。

地下水多年平均补给强度主要在 7.15～21.91cm/a 间变化，其均值为 14.03cm/a，方差为 6.88。入渗补给物理过程模型模拟的地下水多年平均补给强度的空间分布与 USGS 回归法估算结果的趋势一致。

因此，该方法模拟地下水多年平均补给强度的空间分布可信。

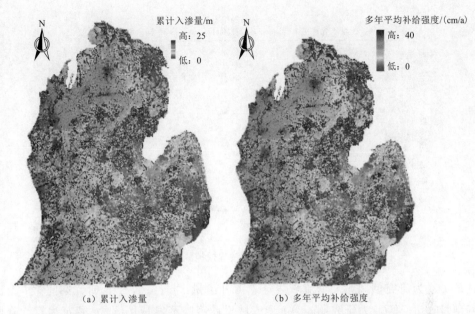

（a）累计入渗量　　　　　　　　　　　（b）多年平均补给强度

图 6.1-3　研究期间密歇根州下半岛累计入渗量及地下水多年平均补给强度

6.1.2　入渗补给物理过程模拟结果分析

6.1.2.1　模拟水均衡项分析

根据第 4 章，入渗补给物理过程模型中各网格的水均衡项包括降雨量、蒸腾蒸发量、入渗补给量、林冠截留量、土壤水分变化量、流入网格量和流出网格量共 7 项。但是，网格多余水量将作为地表径流参与其流入网格的下渗计算，所以对于流域所有网格累计流入量和累计流出量是相等的（忽略出口模型边界的出口网格），因此进行流域水均衡分析时，不考虑网格的流入量和流出量。本书对密歇根下半岛 8 个 1 级流域进行简要的水均衡分析便于后面分析水量去向，流域划分如图 5.1-2 所示。

密歇根州下半岛各 1 级流域水均衡分析结果见图 6.1-4。

图 6.1-4 中揭示了研究时段内各 1 级流域所有网格累计降雨量、蒸腾蒸发量、入渗补给量、林冠截留量及土壤水分变化量均值。由图可知，累计降雨量、蒸腾蒸发量及入渗补给量分别在 26.51～30.36m、18.45～22.62m 和 6.31～10.08m 区间内变化，而累计林冠截留量及土壤水分变化量分别在 0.00058～0.39m 和 0.077～0.17m 区间内变化。累计降雨量、蒸腾蒸发量及入渗补给量具有相同的数量级，而土壤水分变化量及累计林冠截留量比前 3 者小 2 个数量级。

因此，1 级流域入渗补给量主要受降雨量和蒸腾蒸发量影响。

流域尺度间的累计降雨量与蒸腾蒸发量变化趋势一致，然而累计入渗补给量分别与累计降雨量和累计蒸腾蒸发量的变化不具有相同的趋势。若忽略土壤水分含量和林冠截留量变化，入渗补给量与累计降雨量和累计蒸发量之间将存在如下关系[219]：

$$Finf_i = aPrec_i - bET_i + c + \varepsilon_i \tag{6.1-1}$$

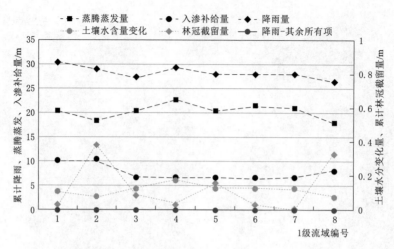

图 6.1-4　入渗补给物理过程模拟结果水均衡分析

式中：$Finf_i$ 为研究期间第 i 个流域累计入渗补给量，m；$Prec_i$ 为研究期间第 i 个流域累计降雨量，m；ET_i 为研究期间第 i 个流域累计蒸腾蒸发量，m；a 及 b 为累计降雨量和累计蒸腾蒸发量的系数，理论上 $a=1$，$b=-1$；c 为累计林冠截留和土壤水分变化量（$c<0$），m；ε_i 为误差项，m。

将各级流域的累计降雨均值、累计蒸腾蒸发均值及累计入渗量均值进行回归分析，见表 6.1-1。

表 6.1-1　　　　　　　　　累计降雨、蒸腾蒸发及入渗经验分析结果

流域等级	a	b	c	R^2	P	F
1 级	1.021	-0.948	-2.019	0.960	3.11×10^{-4}	60*
2 级	1.019	-0.935	-2.128	0.948	2.79×10^{-9}	98*
3 级	1.017	-0.927	-2.172	0.925	3.60×10^{-37}	256*
4 级	1.014	-0.920	-2.205	0.907	4.50×10^{-104}	7728*

* 5％置信水平下显著成立。

由表 6.1-1 可知，4 级流域的经验回归分析结果的 R^2 值都在 0.9 以上，在 5％置信水平下都显著成立；回归方程中累计降雨量的系数在 1.014～1.021 之间，累计蒸腾蒸发的系数在 -0.948～-0.920，表中累计林冠截留及土壤水分变化量的参数 c 在 -2.205～-2.109 之间变化。累计降雨量与累计蒸腾蒸发量的参数值都接近理论值。

对入渗补给物理过程模型模拟累计入渗量与式（6.1-1）的经验估算结果进行对比，如图 6.1-5 所示。由图可知，1 级与 2 级流域情况下两类结果构成的散点分布在模拟结果 ±1 倍方差 45°直线区间内侧；3 级与 4 级流域情况下，有少量散点分布在模拟结果 ±1 倍方差 45°直线区间外侧。

因此，经验公式（6.1-1）的估算累计入渗量可近似替代入渗补给物理过程模型的模拟结果；该经验公式可以应用到大尺度或资料贫乏的地区。

综上所述，1 级流域尺度下模拟的累计入渗量主要受累计降雨量及累计蒸腾蒸发量影

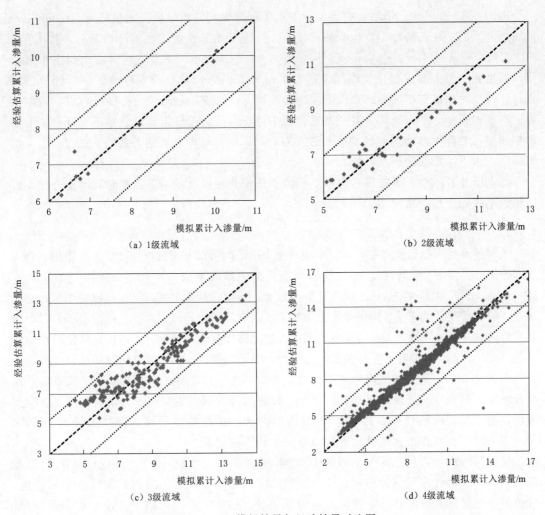

（a）1级流域

（b）2级流域

（c）3级流域

（d）4级流域

图 6.1-5 模拟结果与经验结果对比图

响，土壤含水量变化及累计林冠截留量可忽略；经验公式估算的累计入渗量可近似替代入渗补给物理过程模型的模拟结果，可将其运用到大尺度或无资料地区。

6.1.2.2 地下水月均补给强度变化（州域尺度）

IGW 软件的入渗补给模块理论上可输出研究区域内每天地下水补给强度。但输出结果需大量空间储存，因此默认只输出地下水多年平均补给强度和多年月平均补给强度。根据输出结果统计得到密歇根州下半岛地下水多年月平均补给强度的变化趋势，如图 6.1-6 所示。

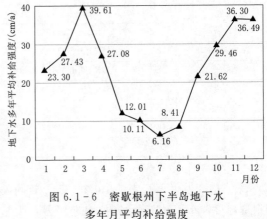

图 6.1-6 密歇根州下半岛地下水
多年月平均补给强度

由图 6.1-6 可知，州域尺度下，地下水多年月平均补给强度变化趋势与 Grand River 流域尺度下的变化趋势相似，但州域尺度下 2 月地下水补给强度比 Grand River 流域尺度 2 月地下水补给强度小了约 7cm/a，其原因是：①Grand River 流域在密歇根州下半岛西南部纬度相对较低的区域，其温度为研究区域的高温带，具有积雪较晚而融雪较早的特点；州域尺度的高纬度区域冰点以下温度时间比 Grand River 流域长，使得积雪早，融雪晚；密歇根州中、北部地区 2 月气温通常低于冰点，降雨不能下渗形成地下水补给；②密歇根州中、北部等高纬度地区冬季会形成冻土，而融雪过程是从地表到地下进行，冻土将阻碍融雪水下渗形成地下水补给。

综上所述，入渗补给物理过程模型模拟密歇根州域尺度的结果在月时间尺度合理，可以将该结果用于地下水的相关研究。

6.1.2.3　蒸腾蒸发-植被类型经验分析

入渗补给物理过程模型中，入渗至地表土壤中的降雨部分通过植物蒸腾蒸发作用回到大气水分循环。实验研究表明，部分植被全生育期内蒸腾散失的水量占总耗水量的 50%～60%，蒸腾蒸发对于植物生长活动具有重要意义。植物的蒸腾蒸发与气温、植物类型、空气湿度、根区厚度、风速及昼夜温差等密切相关。入渗补给物理过程模型模拟输出研究时段内各网格的总蒸腾蒸发量。大空间尺度范围内，气温随纬度增高而上升，而模拟网格的位置决定其纬度，因此，本节将分析各类植被总蒸腾蒸发量与根区厚度、网格位置的经验关系。

根据 4.3 节，研究区域内植被覆盖类型包含耕地、落叶林、草木丛湿地、牧草地、完全开发区、低密度开发区、常绿林、牧场、中密度开发区、混交林、裸露岩石区、完全开发区、灌木林、水域和草本共 15 类。其中，前 8 类植被覆盖类型的网格数量大于 1000个，本书将选择其作为蒸腾蒸发模拟结果的经验研究对象。

研究过程中，同种植被类型的网格筛选出来作为研究对象。与纬度相比，经度对温度的影响较小，因此在研究过程中，将相同纵向序号不同横向序号（即，同纬度不同经度）的值做平均处理。以网格总蒸腾蒸发量为因变量，根区厚度、网格纵向序号作为因变量，进行回归分析。回归分析结果及参数见表 6.1-2。

表 6.1-2　　　　　　整体蒸发率与植被根系厚度、地理位置回归模型

植被类型	二元一次回归方程	R^2	F 检验值	P 值
耕地	$ET=-2.018RZ+0.011N_y+23.634$	0.8395	685.38**	$8.0×10^{-105}$
落叶林	$ET=-2.391RZ+0.01162N_y+24.643$	0.6946	284.34**	$4.01×10^{-65}$
草木丛湿地	$ET=-1.215RZ+0.01304N_y+23.234$	0.9443	2297.41**	$1.1×10^{-170}$
牧草地	$ET=-1.604RZ+0.01190N_y+23.514$	0.7041	249.84**	$2.96×10^{-56}$
完全开发区	$ET=-1.361RZ+0.01484N_y+23.764$	0.7141	318.49**	$4.61×10^{-70}$
低密度开发区	$ET=-2.312RZ+0.01361N_y+24.301$	0.9134	1307.6**	$1.8×10^{-132}$
常绿林	$ET=-2.069RZ+0.01248N_y+23.907$	0.8994	1179.47**	$2.4×10^{-105}$
牧场	$ET=-1.183RZ+0.01039N_y+21.169$	0.8714	918.04**	$2.0×10^{-121}$

** 1% 置信水平下显著成立。

表 6.1-2 中，ET 表示 1980—2013 年间的蒸腾蒸发强度，cm/a；RZ 表示网格的平均根部厚度，m；N_y 表示网格纵向序号，无量纲。8 类土地覆盖类型中，模拟获得的蒸

腾蒸发量与植被根部厚度、网格纵向序号间的回归方程 R^2 在 $0.69 \sim 0.95$ 之间，且回归方程都在 1% 置信水平下显著成立。

表 6.1-2 中，根区厚度系数为负值说明蒸腾蒸发强度随根区厚度增大而减小。主要是因为，模型计算蒸腾蒸发量时，将植被根部厚度划分为 5 层，入渗模型将表层土壤下渗的水量进行重新分配后，首先计算最上 2 层土壤的蒸发量，然后计算 5 层土壤中植被的蒸腾量，最后求和获得蒸腾蒸发量。若土壤的根部厚度小，土壤中水分含量高（进入的水量相同情况下），有利于蒸腾蒸发。

表 6.1-2 所得经验公式中 N_y 的系数为正值，可见 N_y 越大，植被蒸腾蒸发量越大。IGW 模拟输出结果以西北角为原点（ARCGIS 常用原点），其最大纵向序号（N_y）对应最低纬度。根据大尺度关于气温的经验研究[220]，纬度越高，气温越低，而这里最小纵向序号（N_y）对应的最高纬度。因此，纵向序号 N_y 越大，纬度越低，气温越高，蒸腾蒸发越大。

入渗补给物理过程模型模拟结果与经验回归估算结果对比如图 6-7 所示。由图可知，8 类植被覆盖类型的经验回归结果与入渗补给物理过程模型模拟的多年平均整体蒸发强度吻合较好。各植被覆盖类型的经验分析结果多数落在模拟结果 ± 1 倍方差 $45°$ 直线区域内。

综上所述，各类植被根区厚度和纵向序号与植被蒸腾蒸发强度间的经验关系显著成立，且经验关系中的相关参数都可以得到合理解释。

6.1.3 多时间尺度分析

6.1.3.1 州域多时间尺度分析

不同的研究对象，对地下水补给强度在时间尺度上的需求往往不同，使得不同时间尺度上地下水补给强度的研究具有重要意义。而地下水补给强度受多种因素影响，随时间变化异常剧烈。这部分将分析不同时间尺度上密歇根州下半岛的地下水补给强度变化。

本书利用 IGW 软件入渗补给模块输出结果，统计出密歇根州下半岛水文年尺度、半水文年尺度、季节尺度、月尺度、半月尺度及日尺度的地下水补给强度变化规律（其中半月尺度及日尺度是典型年结果，其余尺度是多年平均统计结果），如图 6.1-8 所示。由图 6.1-8 可知，密歇根州下半岛地下水多年平均补给强度为 23.69cm/a，枯水期出现在4—9 月，其地下水多年平均补给强度为 14.96cm/a，而丰水期出现在 10 月至次年 3 月，其地下水多年平均补给强度为 32.42cm/a；密歇根州下半岛地下水补给强度季节变化明显，春、夏、秋、冬四季的多年平均地下水补给强度分别为 26.94cm/a、10.33cm/a、26.63cm/a 及 30.84cm/a；月时间尺度上，地下水补给强度在 3 月最大，达到 39.6cm/a，随后逐渐下降，在 7 月降至 8.5cm/a，随后又逐渐上升，至 11 月达到 36.2cm/a，最后经历一个小幅度下降和上升过程，达到 3 月的全年最高点；半月尺度上，半月的地下水补给强度大致可划分为两个阶段，4—9 月的半月地下水补给强度都小于 20cm/a，而 10 月至次年 3 月的半月地下水补给强度多数大于 20cm/a（10 月上半月、11 月下半月和 12 月上半月除外）；日时间尺度的地下水补给强度受气温、降雨等因素影响，波动强烈，但总体上具有丰水期高于枯水期的基本规律。

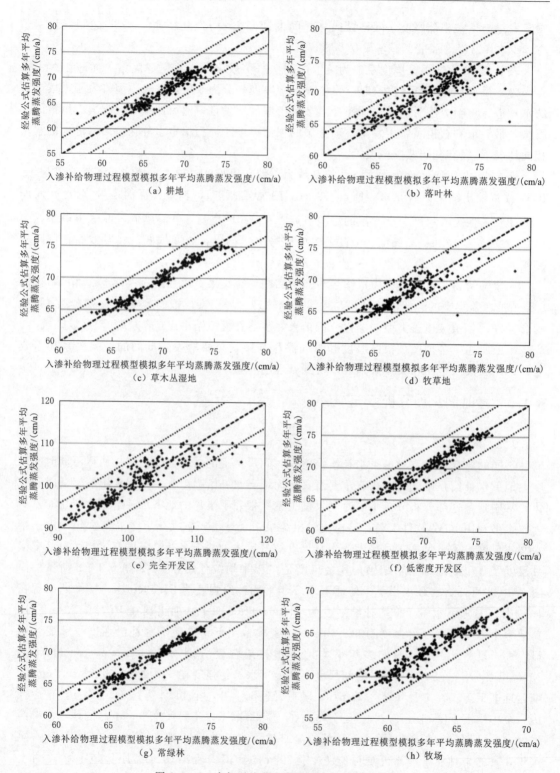

图 6.1-7　多年平均蒸发蒸腾强度经验回归结果

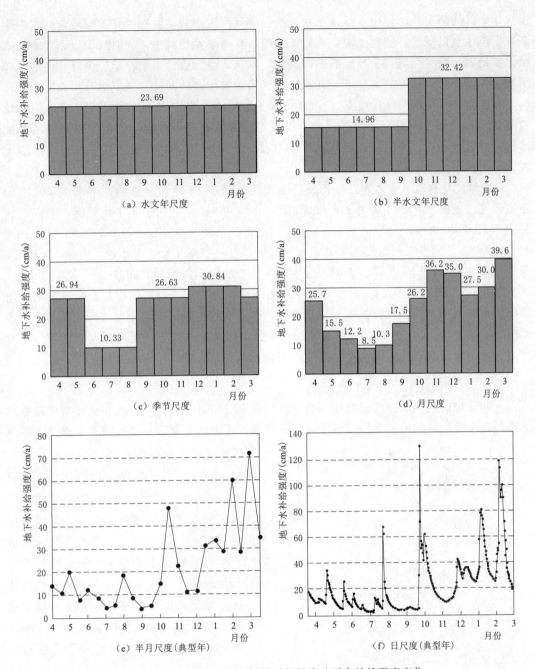

图 6.1-8 美国密歇根州域多时间尺度地下水补给强度变化

根据 4.6.3 节的分析，密歇根州下半岛的降雨大于 7cm/月，而 11 月至次年 3 月，降雨量都小于 7cm/月。根据蒸腾蒸发-植被类型经验分析结果，地下水补给主要受降雨和蒸腾蒸发量影响，其中降雨对地下水补给有正影响而蒸腾蒸发对地下水补给有负影响。因 4—9 月的降雨较多，而地下水补给强度却较小，其主要的原因是 4—9 月为全年气温最高的 6 个月，受气温影响植被的蒸腾蒸发量大，使该时段的地下水补给强度较小；而 10 月至次年 3 月的降雨总体较少，但地下水补给强度反而大，其主要原因是该时段内的气温逐渐减低至冰点以下后，使受气温影响较大的植被蒸腾蒸发量减小，同时降雨以冰雪的形式覆盖在地表，瞬时气温大于冰点后冰雪融化，就会下渗形成地下水补给。该时段内虽然降雨减少，但在降雨相等的情况下，其下渗时间间接增加，从而使得地下水补给强度增大。

　　综上所述，半年时间尺度下，4—9 月地下水补给强度小主要原因是受气温影响的植被蒸腾蒸发量大；10 月至次年 3 月地下水补给强度大有两个原因：①受气温影响的植被蒸腾蒸发量减小；②降雨以冰雪形式堆积在地表，降雨相等的情况下其下渗时间间接增加，从而使得地下水补给强度增大。

　　1 月和 2 月的地下水多年月平均补给强度明显低于 12 月和 3 月的地下水多年月平均补给强度。根据 4.6.2 节及图 4.6-5 和图 4.6-6 可知，1 月的多年平均最低、最高气温分别为 10.28℃和 -2.20℃，2 月的多年平均最低、最高气温分别为 -9.80℃和 -0.58℃。而 12 月和 3 月的多年平均最低气温在冰点以下，但其最高气温大于冰点。因此，1 月和 2 月是一年中最冷且积雪最厚、瞬时温度在冰点以上的时间最短的时间段。

　　因此，1 月和 2 月的地下水多年月平均补给强度明显低于 12 月和 3 月的地下水补给强度，主要原因是：①气温低至一定程度后，融雪水将在表层土壤上形成冻土，不能下渗形成地下水补给；②1 月和 2 月的最低、最高气温都在冰点以下，瞬时温度在冰点以上时间短，融雪水量有限使地下水补给强度小于临近两个月。

6.1.3.2　典型流域多时间尺度分析

　　不同流域的地下水补给强度在不同时间尺度上分布具有不同的特征，为了解密歇根州下半岛各典型流域的地下水补给强度在不同时间尺度上的变化，本书选择密歇根州下半岛

图 6.1-9　典型一级流域

3 个一级流域作为研究对象，流域编号及典型水文、气象站点（站点自 1970 年以来的有效数据≥16000d）分布如图 6.1-9 所示。综合考虑流域地下水补给强度大小、流域面积及位置等因素。因⑥号、⑦号和⑧号流域的面积较小，且处在边界位置，统计特征可能不具有代表性；④号和⑤号流域处在中高纬度地区，纬度特征不明显，且⑤号流域的地下水补给强度大小差异不明显。

　　综上所述，选择①号、②号和③号流域作为典型流域，其中①号流域具有地下水补给强度大，纬度相对较低的特征；②号流域具有地下水补给强度大，纬度相对较高的特征；③号流域具有地下水补给强度小，纬度相对较低的特征。

　　使用 5.1.3.1 节的方法分别提取①号、②号及③号流域的地下水多年平均补给强

度、地下水半水文年平均补给强度、地下水多年季节平均补给强度、地下水多年月平均补给强度、2005 年地下水半月补给强度及 2005 年日补给强度，结果如图 6.1 - 10～图 6.1 - 12 所示，由图中地下水多年平均补给强度可知：

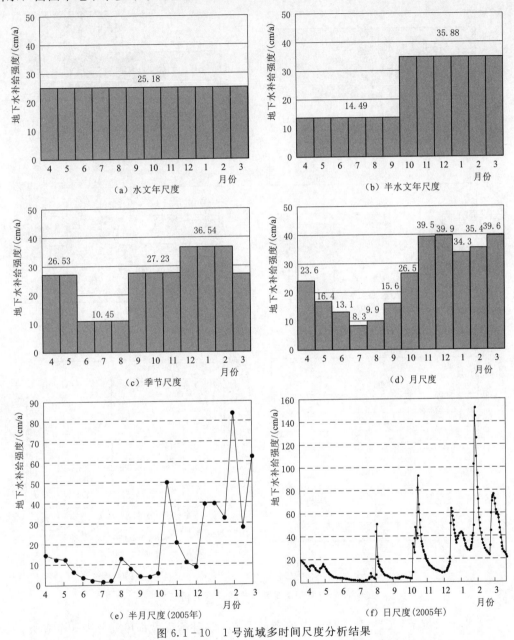

图 6.1 - 10　1 号流域多时间尺度分析结果

（1）①号、②号及③号流域的地下水多年平均补给强度分别为 25.18cm/a、24.20cm/a 及 18.47cm/a；半水文年尺度上，①号、②号及③号流域在丰水期的多年平均补给强度分别为 35.88cm/a、31.33cm/a 及 26.51cm/a，枯水期的多年平均补给强度分别为 14.49cm/a、17.07cm/a 及 10.44cm/a。

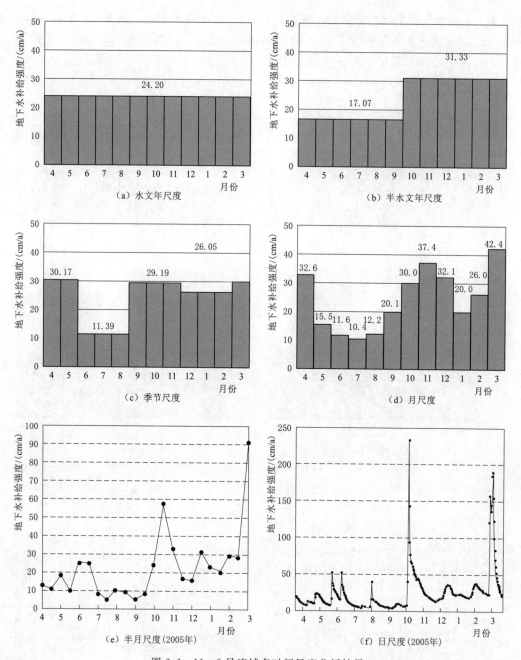

图 6.1-11　2 号流域多时间尺度分析结果

　（2）季节尺度上，①号和③号流域的多年季节平均补给强度都可划分为 3 个等级，冬季地下水多年季节平均补给强度最高，分别为 36.54cm/a 和 28.05cm/a；春、秋两季的地下水多年季节平均补给强度差异不大，属于中等水平，①号流域春、秋两季的地下水多年季节平均补给强度分别为 26.53cm/a 和 27.23cm/a，而③号流域春、秋两季的地下水多年季节平均补给强度分别为 20.90cm/a 和 17.55cm/a；夏季的地下水多年季节平均补给强度属于最低水平，分别为 10.45cm/a 和 7.39cm/a。而②号流域的地下水多年季节平

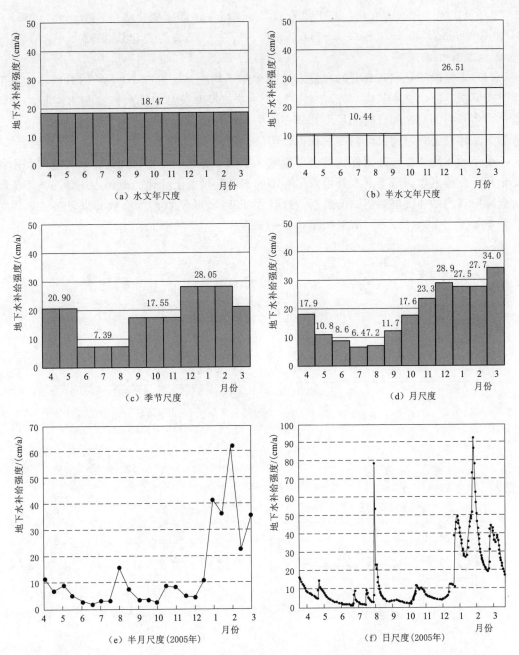

图 6.1-12　3 号流域多时间尺度分析结果

均补给强度可划分为 2 个等级，春、秋和冬季的地下水多年季节平均补给强度为较高水平，分别为 30.17cm/a、29.19cm/a 和 26.05cm/a，夏季的地下水多年季节平均补给强度为较低水平，为 11.39cm/a。

（3）月时间尺度上，3 个流域都具有如下的变化趋势：地下水多年月平均补给强度从 4 月开始逐渐下降，在 7 月降至水文年内的最小值，然后逐渐上升至 11 月或 12 月，随后经历一个小幅度上升、下降过程，在次年 3 月达到水文年内的最大值。3 个流域的差异在于 11 月至次年 3 月间的变化，其中①号和③号流域在这期间变化幅度较小，分为 39.9～34.3～39.6cm/a 和 28.9～27.5～34.0cm/a，而②号流域的变化幅度较大，为 37.4～20.0～42.4cm/a。

（4）半月时间尺度和日时间尺度未进行多年平均统计，选择 2005 年的数据作为典型年进行分析。因水文年尺度、半水文年尺度、季节尺度及月时间尺度都是多年平均统计量，而半月时间尺度和日时间尺度并非多年平均统计量，因此该尺度下的地下水补给强度虽然上总体符合月时间尺度的变化规律，但波动剧烈。

模型输入除气温与降雨外，其余变量或参数都不随时间变化，因此，从气温与降雨的变化角度分析典型流域地下水补给强度在不同多时间尺度上变化的原因。统计各典型流域附近降雨观测站和气温观测站的数据（统计大于 16000d 站点作为有效站点，各流域内站点分布如图 6.1-9 所示），结果如图 6.1-13 所示。

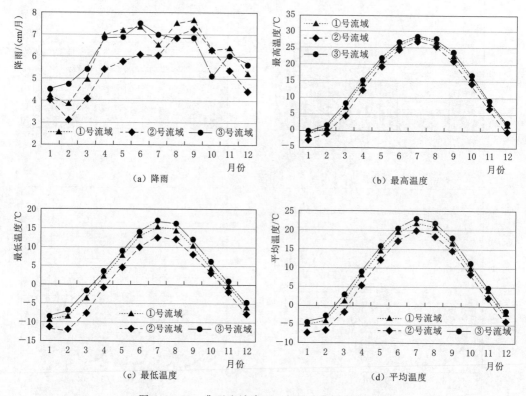

图 6.1-13　典型流域降雨、气温多年月平均变化

由图 6.1-13 可知三个典型流域具有如下特征：

（1）三个典型流域的最低、最高及平均气温排序依次是③号流域＞①号流域＞②号流域，3 个流域温度的变化趋势相似，都是从 1 月开始逐渐升高，至 7 月达到一年内的最高温度，随后逐渐下降至次年 1 月。

（2）在 2 月，虽然三个流域的平均气温都低于冰点温度，但①号和③号流域的最高气温高于冰点温度，而②号流域的最高气温低于冰点温度。

（3）①号、②号及③号流域的多年平均降雨总量分别为 74.22cm/a，64.78cm/a 及

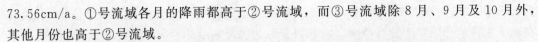

73.56cm/a。①号流域各月的降雨都高于②号流域，而③号流域除 8 月、9 月及 10 月外，其他月份也高于②号流域。

基于 3 个典型流域的气象特征，对其不同时间尺度的地下水补给强度变化解释如下：

（1）不随时间变化的因素对不同时间尺度下的地下水补给强度影响较小，因此只分析降雨和温度对地下水补给强度在不同时间尺度下的变化。①号和②号流域地下水多年平均补给强度明显高于③号流域。②号流域的降雨明显少于①号和③号流域情况下，其地下水多年平均补给强度却远大于③号流域，且与①号流域接近。因此，在水文年尺度上，②号流域地下水补给强度大的主要气象影响因素是气温低导致蒸腾蒸发量少。

（2）在季节尺度上，①号和③号流域有高、中、低三个水平，而②号流域只有高、低两个水平。①号和③号流域地下水补给强度的高、中水平分别出现在春秋和冬季，而②号流域的春、秋、冬三季的地下水补给强度为同一水平。主要原因是：②号流域冬季的最低、高气温都低于冰点温度，②号流域内瞬时气温大于冰点的时段少，降雨主要以冰雪形式覆盖在地面，融雪水下渗形成地下水补给量少。

（3）月时间尺度上，3 个流域地下水多年月平均补给强度变化趋势相似，但②号流域在冬季的波动比其他两个流域强烈。地下水补给的枯水期（4—9 月）是降雨的丰水期；5—9 月温度为全年温度最高的 5 个月，且该时段是作物的生长期，受其影响的蒸腾蒸发量为全年最高时段。因此，根据 6.1.2.1 节结论（地下水补给量可近似为降雨与蒸腾蒸发量之差），地下水枯水期是由影响植被蒸腾蒸发量的温度和植物生长周期所决定。

本模型在蒸腾蒸发量计算时，未考虑植被的生长周期，可在今后的研究使用植被生长周期修正其蒸腾蒸发量。

综上所述，气温随时间的变化是影响地下水补给强度随时间变化的主要原因，得出如下结论：①地下水补给的枯水期与全年温度最高的时段相吻合，且该时段内地下水补给强度的上升或下降趋势与气温的趋势相反，受气温影响的蒸腾蒸发量是决定地下水补给强度变化的首要因素；②冬季的地下水补给强度本应随着气温的下降而上升，但在高寒地区，冬季的平均气温都低于冰点温度，使得降雨以冰雪形式在地表沉积，只有在瞬时或局部气温高于冰点的情况冰雪才融化下渗，形成地下水补给，使得地下水补给出现不同幅度短暂的下降。

6.2 美国密歇根州地下水补给强度预测

因地质条件变迁时间较长，而植被覆盖及土地利用又受人为因素影响大，本次预测基于现有地质条件、植被覆盖及土地利用等情况，通过模拟未来 30 年的日气温、降雨等过程，模拟密歇根州下半岛从 1970—2041 年间的地下水补给变化情况，模拟结果每 10 年统计 1 次，统计 1972—1981 年，1982—1991 年，1992—2001 年，2002—2011 年，2012—2021 年，2022—2031 年和 2032—2041 年共 7 个阶段的 10 年地下水年均补给强度。为消除积累效应对结果的影响，各阶段的模拟起始时间比统计时间早 2 年，用于土壤含水量的"预热"。

6.2.1 气象参数预测结果及分析

气象情景设置使用 4.6 节中的方法，为了检验模拟结果的合理性，统计 18 个有效数据大于 16000d 站点的 10 年月平均最低、最高气温及降雨。统计过程中，根据 18 个站点在地下水补给分区中的分布情况，将其划分为北部、东南、西南三个区域。

预测输入最低气温统计结果如图 6.2-1 所示。

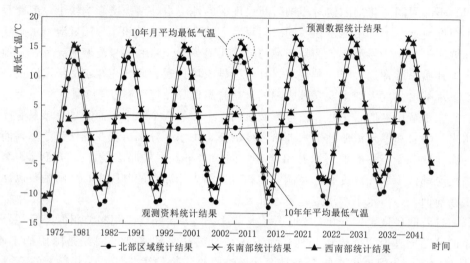

图 6.2-1　密歇根州下半岛典型站点最低气温分区统计结果

由图 6.2-1 可知，密歇根州东南部与西南部 10 年年平均及月平均最低气温的差异较小，而北部地区比南部地区低 2.2℃。最低气温的预测数据与观测数据的统计结果都具有变暖的趋势：①北部地区 1972—2011 年每 10 年年平均最低气温从 0.251℃ 上升至 1.281℃，每 10 年上升 0.264℃；而 2012—2041 年每 10 年年平均最低气温从 1.688℃ 上升至 2.61℃，每 10 年上升 0.307℃；②与此类似，南部地区的观测数据的最低气温每 10 年上升 0.182℃，而预测数据的最低气温每 10 年上升 0.190℃。

因此，北部地区的最低气温上升比南部地区快，预测最低气温比观测最低气温上升快。

预测输入最高气温统计结果如图 6.2-2 所示。

由图 6.2-2 可知，与最低气温类似，密歇根州东南部与西南部 10 年年平均及月平均最高气温的差异较小，而北部地区比南部地区低 1.5℃。最高气温的预测数据与观测数据的统计结果都具有变暖的趋势：①北部地区 1972—2011 年每 10 年年平均最高气温从 11.79℃ 上升至 12.73℃，每 10 年上升 0.235℃；而 2012—2041 年每 10 年年平均最高气温从 13.158℃ 上升至 13.97℃，每 10 年上升 0.273℃；②与此类似，南部地区最高气温的观测数据统计结果表明，其每 10 年上升 0.228℃，而预测数据的最高气温每 10 年上升 0.227℃。

因此，北部地区的最高气温上升比南部地区快；南部地区观测与预测的最高气温的每 10 年升高差异不明显；北部地区最高气温的预测值比观测值上升快。预测输入日降雨量统计结果如图 6.2-3 所示。

由图 6.2-3 可知，密歇根州北部及东南部 10 年年平均及月平均降雨的差异较小，而西南部地区的降雨比以上两个区域多 13.31cm/a。各区域观测阶段与预测阶段的 10 年年

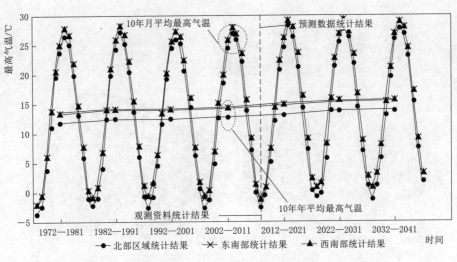

图 6.2-2　密歇根州下半岛典型站点最高气温分区统计结果

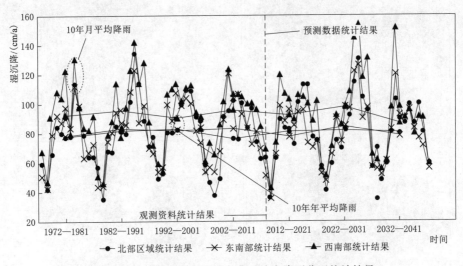

图 6.2-3　密歇根州下半岛典型站点降雨分区统计结果

平均降雨无明显变化趋势。

因此，密歇根州下半岛典型站点 10 年年平均降雨无明显变化趋势；北部及东南部 10 年年平均降雨差异不明显，西南部 10 年年平均降雨高于北部及东南部区域约 13.31cm/a。

6.2.2　地下水补给强度模拟结果分析

6.2.2.1　模拟结果

根据地下水 10 年平均补给强度将密歇根州下半岛划分为三个区域，北部及西南部的高补给区域及东南部的低补给区域，如图 6.2-4 所示。补给区域的划分由土壤类型、植被类型、植被根部厚度等随时间变化小的参数与降雨、气温等随时间变化大的参数

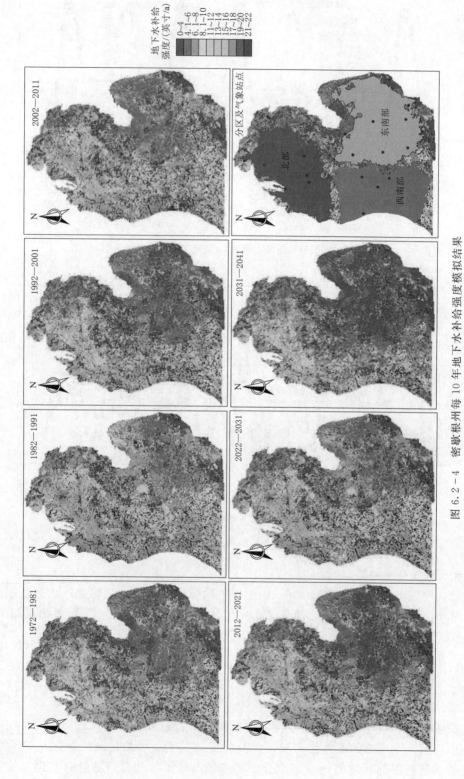

图 6.2－4　密歇根州每 10 年地下水补给强度模拟结果

共同决定。除降雨与温度外，其他因素的空间分布特征随时间变化不明显或在大时间尺度上定量不明显。该部分将重点研究地下水 10 年平均补给强度随模拟降雨及气温的变化规律。

由图 6.2-4 可知，10 年平均地下水补给强度变化具有周期性的波动，且 10 年平均地下水补给强度具有下降的趋势。

为定性研究其变化规律，使用 5.1.3.1 节中的方法提取每个区域每 10 年地下水多年平均补给强度数据，结果如图 6.2-5 所示。

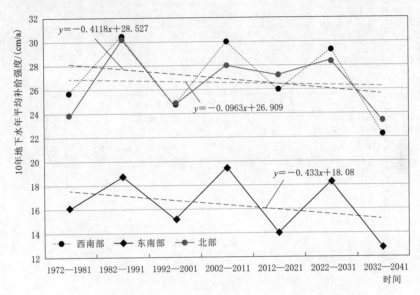

图 6.2-5　密歇根州地下水 10 年平均补给强度变化趋势

由图 6.2-5 可知，研究时段内，密歇根州西南部和北部的 10 年年平均地下水补给强度明显高于东南部地区。东南部和西南部的 10 年年平均地下水补给强度的下降趋势明显，每 10 年平均地下水补给强度分别下降 0.433cm 和 0.4118cm，而北部地区 10 年年平均地下水补给强度下降趋势不明显，每 10 年平均地下水补给强度下降 0.0963cm；西南及东南部地区 1982—1991 年、2002—2011 年及 2022—2031 年三个时间段的 10 年平均地下水补给强度高于研究时段的均值，而北部地区 1982—1991 年、2002—2011 年、2012—2021 年及 2022—2031 年四个时间段的 10 年平均地下水补给强度高于研究时段的均值。

6.2.2.2　地下水补给强度与降雨、气温的关系分析

统计 1972—2041 年模拟结果，得到多年月平均地下水补给强度与降雨强度和气温的关系如图 6.2-6 所示。由图可知，密歇根州东南部及西南部降雨的丰水期出现在 4—9 月，北部降雨丰水期出现在 5—10 月，丰水期内降雨总趋势是先上升后下降。与此同时，5—10 月是地下水补给的枯水期，其间地下水补给强度从 5 月下降至 7 月的最低点，然后逐渐上升；5—10 月是各地区月平均气温最高的半年，从 5 月上升至 7 月最高气温，随后逐渐下降。

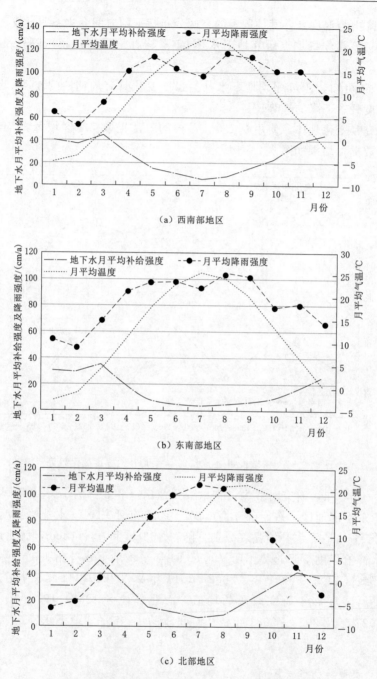

（a）西南部地区

（b）东南部地区

（c）北部地区

图 6.2－6　密歇根州地下水补给、降雨和温度月平均值

多年地下水月平均补给强度与降雨强度的变化趋势相反，而与植被蒸腾蒸发量有正相关关系的温度与地下水月平均补给强度的变化趋势也相反，且最高温度与最低地下水补给强度都出现在 7 月。根据 6.1.2.3 节中得到的地下水补给可近似为降雨量与蒸腾蒸发量之差的结论可知，地下水补给的枯水期是由植被的蒸腾蒸发量决定。而 6.1.3.1 节中得到的植被蒸腾蒸发量受到植被根区厚度与模拟网格纵向序号（气温与网格纵向序号成正比例关

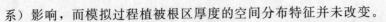

系）影响，而模拟过程植被根区厚度的空间分布特征并未改变。

因此，推断地下水补给的枯水期是由决定蒸腾蒸发量时间特征的气温所决定。

6.2.3 地下水补给强度下降成因分析

6.2.3.1 通径分析方法

模拟过程中的因素变化涉及最低气温、最高气温及降雨，且部分模型中采用了平均气温作为变量。本书采用通径分析法来探讨平均气温、最高气温及降雨量对地下水补给强度变化的贡献。通径分析如图 6.2-7 所示。

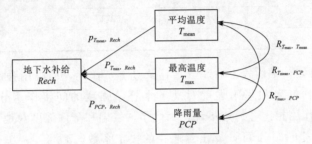

图 6.2-7 通径分析示意图

图 6.2-8 是因变量（地下水补给）与自变量（平均温度、最高温度及降雨量）的通径关系图。该图可用通径系数正规方程组表示，如式（6.2-1）或式（6.2-2）：

$$\begin{cases} P_{T_{mean},Rech}+R_{T_{mean},T_{mex}}P_{T_{mean},Rech}+R_{T_{mean},PCP}P_{T_{mean},Rech}=r_{T_{mean},Rech} \\ R_{T_{mean},T_{mex}}P_{T_{max},Rech}+P_{T_{max},Rech}+R_{T_{max},PCP}P_{T_{max},Rech}=r_{T_{max},Rech} \\ R_{T_{mean},PCP}P_{PCP,Rech}+P_{PCP,Rech}R_{T_{max},PCP}+P_{PCP,Rech}=r_{PCP,Rech} \end{cases} \quad (6.2-1)$$

或

$$\begin{bmatrix} 1 & R_{T_{max},T_{mean}} & R_{T_{mean},PCP} \\ R_{T_{max},T_{mean}} & 1 & R_{T_{max},PCP} \\ R_{T_{mean},PCP} & R_{T_{max},PCP} & 1 \end{bmatrix} \begin{bmatrix} P_{T_{mean},Rech} \\ P_{T_{max},Rech} \\ P_{PCP,Rech} \end{bmatrix} = \begin{bmatrix} r_{T_{mean},Rech} \\ r_{T_{max},Rech} \\ r_{PCP,Rech} \end{bmatrix} \quad (6.2-2)$$

式（6.2-1）和式（6.2-2）中：$R_{a,b}$ 表示自变量 a 与自变量 b 之间的相关关系，通常 $R_{a,b}=R_{b,a}$；$P_{a,Rech}$ 表示自变量 a 与因变量的直接通径；$r_{a,Rech}$ 表示自变量 a 与因变量 $Rech$ 的通径系数，包括直接通径和间接通径，其数值上等于两者的相关系数。根据自变量间的相关系数及直接通径系数，可以计算单因素对地下水补给强度决定系数 $d_{Rech,i}=P_{Rech,i}^2$ 和两因素对地下水补给强度共同决定系数 $d_{Rech,i,j}=2R_{i,j}P_{Rech,i}P_{Rech,j}$。

根据 6.2.2.2 节中的结果，地下水补给强度在丰、枯期间的决定因素不一致（丰水期的地下水补给强度受到最高气温影响），因此在分析地下水补给强度下降成因时，分别对丰水期和枯水期进行分析。丰水期以平均气温、最高气温和降雨量三变量的通径图，而枯水期采用平均气温和降雨量两变量的通径图。

6.2.3.2 西南部地区

1. 枯水期

使用通径分析方法得到密歇根州西南部地区枯水期气温及降雨强度对地下水补给强度的影响结果，见表 6.2-1。

表 6.2-1 密歇根西南部地区枯水期通径分析结果

变量	总作用	直接通径 $(P_{Rech,i})$	间接通径		方差
			MeanT	PCP	
MeanT	−0.828	−0.818	—	−0.0104	9.525
PCP	0.336	0.309	0.0274		17.971
Rech	—				8.682

由表 6.2-1 可知，平均气温对地下水补给具有负作用，而降雨强度对地下水补给强度具有正作用。平均气温和降雨强度对地下水补给强度的间接作用分别为 −0.0104 和 0.0274，与其直接作用相比可忽略不计，因此平均气温和降雨强度对地下水补给强度的影响相对独立。通过表 6.2-1 可计算出各通径的决定系数，$d_{Rech,T}=0.6691$，$d_{Rech,PCP}=0.1129$，$d_{Rech,T,PCP}=8.469\times10^{-3}$。平均气温与降雨的交互作用对地下水补给强度的影响可忽略，且温度与降雨强度对地下水补给强度的累计决定作用为 0.782，其他因素与误差对地下水补给强度的累计决定作用为 0.218。

由此可知，平均温度升高 1 个单位（9.525℃），枯水期的地下水补给强度将减少 0.818 个单位，即 0.818×8.682cm/a＝7.189cm/a。或温度每上升 1℃，地下水补给强度将下降 0.7548cm/a；同理，降雨强度增加 1 个单位（17.971cm/a），枯水期地下水补给强度将增大 0.309 个单位，即 0.309×8.682cm/a＝2.6827cm/a，或降雨强度每增加 1cm/a，枯水期地下水补给强度将增大 0.1493cm/a。

2. 丰水期

分析丰水期地下水补给强度下降成因过程中，选择最高气温、平均气温及降雨强度作为因变量。通径分析方法分析结果见表 6.2-2。

表 6.2-2 密歇根西南部地区丰水期通径分析结果

变量	总作用	直接通径 $(P_{Rech,i})$	间接通径				方差
			MeanT	MaxT	PCP	累计	
MeanT	−0.368	−3.782	—	2.717	0.697	3.414	10.487
MaxT	−0.381	2.727	−3.768		0.660	−3.108	5.791
PCP	0.221	1.031	−2.557	1.747		−0.810	22.186
Rech	—					—	12.814

由表 6.2-2 可知，丰水期最高气温及平均气温对地下水补给强度具有负作用，但平均气温对于地下水补给强度具有直接负作用，而最高气温对于地下水补给强度具有直接的正作用。与之相反，平均气温通过最高气温和降雨强度对地下水补给强度都具有间接正作

用，而最高气温通过平均气温对地下水补给强度的间接作用为负，而通过降雨强度对地下水补给强度的间接作用为正。降雨强度对地下水补给强度具有正作用，且其直接作用和通过最高气温的间接作用都为正，而通过平均气温的间接作用为负。

通过表 6.2-2 可计算出各通径的决定系数，$d_{Rech,meanT}=14.304$，$d_{Rech,MaxT}=7.437$，$d_{Rech,PCP}=1.063$，$d_{Rech,MaxT,MeanT}=-20.554$，$d_{Rech,MaxT,PCP}=3.601$，$d_{Rech,MeanT,PCP}=-5.270$，其累计决定系数 $\sum d=0.581$，因此剩余因素与误差对丰水期地下水补给强度的累计作用为 0.319。全部决定系数按绝对值大小排序，$d_{Rech,MaxT,MeanT}>d_{Rech,meanT}>d_{Rech,MaxT}>d_{Rech,MeanT,PCP}>d_{Rech,MaxT,PCP}>d_{Rech,PCP}$。从决定系数可看出，最高温度和平均温度对地下水补给强度的作用大于降雨对地下水补给强度的作用。根据表 6.2-2，得到变量变化一个单位对地下水补给强度的直接与间接作用，见表 6.2-3。

表 6.2-3　　　　　　　　单位气温、降雨变化对地下水补给强度的影响

变量	总影响	直接影响 $(P_{Rech,i})$	间接影响			
			MeanT	MaxT	PCP	累计
MeanT	−0.450	−4.621	—	3.320	0.852	4.172
MaxT	−0.843	6.034	−8.338	—	1.460	−6.877
PCP	0.128	0.595	−1.477	1.009	—	−0.468

在丰水期内，由表 6.2-3 可知，平均气温每上升 1℃，将会直接影响地下水补给强度下降 4.621cm/a，与此同时平均气温通过最高温度和降雨强度间接使地下水补给强度分别上升 3.320cm/a 和 0.852cm/a，最终平均气温每上升 1℃，地下水补给强度将下降 0.450cm/a。

最高气温每上升 1℃，将会直接影响地下水补给强度增长 6.034cm/a，与此同时，最高气温通过平均温度间接使得地下水补给强度减少 8.338cm/a，通过降雨强度间接使得地下水补给强度增长 1.460cm/a，最终最高气温每上升 1℃，地下水补给强度将减少 0.843cm/a。

降雨强度每上升 1cm/a，将会直接影响地下水补给强度增长 0.595cm/a，与此同时，其通过最高温度间接使得地下水补给强度减少 1.477cm/a，通过最高气温间接使得地下水补给强度增长 1.009cm/a，最终降雨强度每增加 1cm/a，地下水补给强度将增加 0.128cm/a。

综上所述，密歇根州西南部地区枯水期内，平均气温每上升 1℃，地下水补给强度将下降 0.7548cm/a，降雨强度每增加 1cm/a，枯水期地下水补给强度将增大 0.1493cm/a；而丰水期内，平均气温和最高气温每上升 1℃，地下水补给强度将分别减少 0.450cm/a 和 0.843cm/a，降雨强度每增加 1cm/a，地下水补给强度将增加 0.128cm/a。

6.2.3.3 东南部地区

1. 枯水期

使用通径分析方法得到密歇根州东南部地区枯水期气温及降雨强度对地下水补给强度的影响结果，见表 6.2-4。

表 6.2－4　　　　　　　　　密歇根东南部地区枯水期通径分析结果

变量	总作用	直接通径 $(P_{Rech,i})$	间接通径		方差
			MeanT	PCP	
MeanT	−0.825	−0.852	—	0.0276	9.606
PCP	0.089	0.204	−0.115	—	12.276
Rech					5.904

由表 6.2－4 可知，平均气温对地下水补给具有负作用，而降雨强度对地下水补给强度具有正作用。平均气温和降雨强度对地下水补给强度的间接作用分别为 0.0276 和 −0.115。平均气温通过降雨强度对地下水补给强度的间接作用可忽略，但降雨强度通过平均气温对地下水补给强度的间接作用相对于降雨强度总作用不能忽略，因此认为平均温度与降雨强度对地下水补给强度的双向间接影响不成立。通过表 6.2－4 可计算出各通径的决定系数，$d_{Rech,meanT}=0.726$，$d_{Rech,PCP}=0.042$，$d_{Rech,meanT,PCP}=0.0235$（平均气温通过降雨的单向间接作用），其累计决定系数 $\sum d=0.7915$，其他因素与误差对地下水补给强度的累计决定作用为 0.2085。

由此可知，平均温度升高 1 个单位（9.606℃），密歇根州东南部枯水期的地下水补给强度将减少 0.825 个单位，即 $0.825×5.904cm/a=4.871cm/a$，即温度每上升 1℃，地下水补给强度将下降 0.507cm/a；同理，降雨强度增加 1 个单位（12.276cm/a），枯水期地下水补给强度将增大 0.089 个单位，将直接影响地下水补给强度直接增长 0.204 个单位（$0.204×5.904cm/a=1.204cm/a$），但其通过平均温度将使得地下水补给强度下降 0.115 个单位（$0.115×5.904cm/a=0.679cm/a$），最终地下水补给强度只增长 0.089 个单位（$0.089×5.904cm/a=0.525cm/a$），即降雨强度增长 1cm/a，地下水补给强度只上升 0.0428cm/a。

2. 丰水期

分析丰水期地下水补给强度下降成因过程中，选择最高气温、平均气温及降雨强度作为因变量。通径分析方法分析结果见表 6.2－5。

表 6.2－5　　　　　　　　　密歇根东南部地区丰水期通径分析结果

变量	总作用	直接通径 $(P_{Rech,i})$	间接通径				方差
			MeanT	MaxT	PCP	累计	
MeanT	−0.652	3.407	—	−4.503	0.444	−4.059	10.707
MaxT	−0.671	−4.522	3.392	—	0.460	3.852	4.909
PCP	−0.240	0.643	2.352	−3.235	—	−0.883	14.704
Rech	—						11.310

由表 6.2－5 可知，丰水期最高气温、平均气温及降雨强度对地下水补给强度具有负作用，但平均气温与降雨强度对于地下水补给强度具有直接正作用，而最高气温对于地下水补给强度具有直接的副作用。与之相反，平均气温和降雨强度通过最高气温对地下水补给强度都具有间接负作用，而最高气温通过平均气温和降雨强度对地下水补给强度具有间

接正作用。

通过表 6.2 - 5 可计算出各通径的决定系数，$d_{Rech,meanT} = 11.606$，$d_{Rech,MaxT} = 20.452$，$d_{Rech,PCP} = 0.413$，$d_{Rech,MaxT,MeanT} = -30.678$，$d_{Rech,MaxT,PCP} = -4.161$，$d_{Rech,MeanT,PCP} = 3.025$，其累计决定系数 $\sum d = 0.667$，因此剩余因素与误差对丰水期地下水补给强度的累计作用为 0.323。全部决定系数按绝对值大小排序，$d_{Rech,MaxT,MeanT} > d_{Rech,maxT} > d_{Rech,MeanT} > d_{Rech,MaxT,PCP} > d_{Rech,MeanT,PCP} > d_{Rech,PCP}$。从决定系数可看出，东南部地区丰水期的决定系数与西南地区决定系数具有一定的相似性，最高温度和平均温度对地下水补给强度的作用大于降雨对地下水补给强度的作用；但在西南地区，平均温度对地下水补给强度的影响更大，而东南地区最大温度对地下水补给强度的影响更大。根据表 6.2 - 5，得到变量变化一个单位对地下水补给强度的直接与间接作用，见表 6.2 - 6。

表 6.2 - 6 　　　　　　　　　单位气温、降雨变化对地下水补给强度的影响

变量	总影响	直接影响（$P_{Rech,i}$）	间接影响			
			MeanT	MaxT	PCP	累计
MeanT	-0.689	3.599	—	-4.757	0.469	-4.288
MaxT	-1.546	-10.418	7.815	—	1.060	8.875
PCP	-0.185	0.495	1.809	-2.488	—	-0.679

由表 6.2 - 6 可知，在丰水期内平均气温每上升 1℃，将会直接影响地下水补给强度增长 3.599cm/a，与此同时平均气温通过最高温度间接使地下水补给强度下降 4.757cm/a，通过降雨强度间接使地下水补给强度上升 0.469cm/a。因此，平均气温每上升 1℃，地下水补给强度将减少 0.689cm/a。

最高气温每上升 1℃，将会直接使得地下水补给强度减少 10.418cm/a，与此同时，最高气温通过平均温度和降雨间接使得地下水补给强度分别增长 7.815cm/a 和 1.060cm/a。因此，最高气温每上升 1℃，地下水补给强度将减少 1.546cm/a。

降雨强度每上升 1cm/a，将会直接使地下水补给强度增长 0.495cm/a，与此同时，其通过平均气温间接使地下水补给强度增长 1.809cm/a，通过最高气温间接使地下水补给强度减少 2.488cm/a。因此，降雨强度每增加 1cm/a，地下水补给强度将减少 0.185cm/a。

综上所述，密歇根州东南部地区枯水期内，平均气温每上升 1℃，地下水补给强度将下降 0.507cm/a，降雨强度每增加 1cm/a，地下水补给强度将增大 0.0428cm/a；而丰水期内，平均气温和最高气温每上升 1℃，地下水补给强度将分别减少 0.689cm/a 和 1.546cm/a，降雨强度每增加 1cm/a，地下水补给强度也将减少 0.185cm/a。

6.2.3.4　北部地区

1. 枯水期

使用通径分析方法得到密歇根州北部地区枯水期气温及降雨强度对地下水补给强度的影响结果，见表 6.2 - 7。

表 6.2－7　　　　　　　　　密歇根北部地区枯水期通径分析结果

变量	总作用	直接通径 $(P_{Rech,i})$	间接通径		方差
			Mean$T$	PCP	
Mean$T$	−0.839	−0.921	—	0.0825	9.899
PCP	0.104	0.333	−0.228	—	15.122
$Rech$	—	—	—	—	10.462

　　由表 6.2－7 可知，平均气温对地下水补给具有负作用，而降雨强度对地下水补给强度具有正作用。平均气温和降雨强度对地下水补给强度的间接作用分别为 0.0825 和−0.228。平均气温通过降雨强度对地下水补给强度的间接作用可忽略，但降雨强度通过平均气温对地下水补给强度的间接作用相对于降雨强度总作用不能忽略，因此认为平均温度与降雨强度对地下水补给强度的双向间接影响不成立。通过表 6.2－7 可计算出各通径的决定系数，$d_{Rech,meanT}=0.848$，$d_{Rech,PCP}=0.111$，$d_{Rech,meanT,PCP}=-0.0761$（降雨强度通过平均气温的单向间接作用），其累计决定系数 $\sum d=0.8829$，其他因素与误差对地下水补给强度的累计决定作用为 0.1171。

　　由此可知，平均温度升高 1 个单位（9.899℃），密歇根州北部枯水期的地下水补给强度将减少 0.921 个单位，即 $0.921\times10.462cm/a=9.636cm/a$，即温度每上升 1℃，地下水补给强度将下降 0.973cm/a；同理，降雨强度增加 1 个单位（15.122cm/a），其直接影响地下水补给强度直接增长 0.333 个单位（$0.333\times10.462cm/a=3.484cm/a$），但其通过平均温度将使得地下水补给强度下降 0.228 个单位（$0.228\times10.462cm/a=2.385cm/a$），最终地下水补给强度只增长 0.104 个单位（$0.104\times10.46cm/a=1.088cm/a$），即降雨强度增长 1cm/a，地下水补给强度只上升 0.0720cm/a。

　　2. 丰水期

　　采用通径分析法过程中，发现密歇根州北部地区丰水期的地下水补给强度与最低、最高、平均气温和降雨强度间的相关性小于 0.2（见表 6.2－8），变量与地下水补给强度间的相关性非常差。因此，密歇根州北部地区丰水期的地下水补给强度变化受到温度和降雨的影响较小。

表 6.2－8　　　密歇根州北部气温、降雨强度与地下水补给强度相关性

变量	Min$T$	Mean$T$	Max$T$	PCP	$Rech$
Min$T$	1	0.991	0.965	0.847	0.109
Mean$T$	0.991	1	0.992	0.821	0.107
Max$T$	0.965	0.992	1	0.782	0.103
PCP	0.847	0.821	0.782	1	0.133
$Rech$	0.109	0.107	0.103	0.133	1

　　综上所述，密歇根州北部地区枯水期内，平均气温每上升 1℃，地下水补给强度将下降 0.973cm/a，降雨强度每增加 1cm/a，地下水补给强度将增大 0.0720cm/a；而丰水期内，气温和降雨强度与地下水补给强度间的相关性小于 0.2，地下水补给强度受气温和降

雨强度的变化影响小。

6.3 本 章 小 结

本章讨论 IGW 软件新开发的入渗补给物理过程模型模拟密歇根州下半岛地下水补给强度的输出结果；模拟特定温度、降雨情景下，未来密歇根州地下水补给强度变化，总结如下。

6.3.1 入渗补给物理过程模型模拟结果分析

（1）入渗补给物理过程模型模拟的累计降雨量、蒸腾蒸发量、入渗量及地下水多年平均补给强度的空间分布可信，可将其结果运用至地下水数值模拟或地下水资源优化配置研究。

（2）分析1级流域得到模拟过程中的累计降雨量、累计蒸腾量、累计林冠截留量、累计入渗量及土壤水分变化量五项的水量平衡，且累计入渗量主要受累计降雨量及累计蒸腾蒸发量影响，土壤水量变化及累计林冠截留量可忽略；基于此建立的累计入渗量与累计降雨量和蒸腾蒸发量的经验公式可应用到大尺度或无资料地区的累计入渗量或地下水补给强度估算。

（3）州域尺度下，因受气温影响，地下水补给的枯水期出现在4—9月，10月至次年3月为地下水补给的丰水期；冬季（主要是1月、2月）气温低至一定程度后，降雨以冰雪形式沉积在地表，不能下渗形成地下水补给，使得1月和2月的地下水多年月平均补给强度明显低于12月和3月。

（4）分析密歇根州3个典型流域的地下水补给强度在多时间尺度上的变化规律，得出如下结论：①地下水补给的枯水期与全年温度最高的时段相吻合，且该时段内地下水补给强度的上升或下降趋势与气温的趋势相反，因此受气温影响的蒸腾蒸发量是决定地下水补给强度的首要因素；②冬季的地下水补给强度本应随着气温的下降而上升，但在高寒地区冬季的平均气温（甚至最高气温）低于冰点温度，使得降雨以冰雪形式沉积在地表，只有在瞬时或局部气温高于冰点的情况冰雪才融化下渗，形成地下水补给，使得地下水补给出现不同幅度短暂的下降。

6.3.2 美国密歇根州地下水补给强度预测结果及分析

（1）根据地下水补给强度，将密歇根州下半岛划分为北部、东南部、西南部三个区域。东南部、西南部的10年年平均最低、最高气温差异不明显，而北部的10年年平均气温比南部低1.5～2.2℃；北部地区最低、最高气温每10年分别增长为0.264℃和0.235℃，而南部地区最低、最高气温每10年分别增长0.190℃和0.228℃；密歇根州下半岛典型站点10年年平均降雨无明显变化趋势，北部及东南部10年年平均降雨差异不明显，比西南部10年年平均降雨少约13.31cm/a。

（2）东南部和西南部的10年年平均地下水补给强度的下降趋势明显，每10年平均地下水补给强度分别下降0.433cm和0.4118cm，而北部地区10年年平均地下水补给强度下降趋势不明显；密歇根州地下水补给强度在丰、枯水期受气温和降雨强度的影响不同，枯水期是由决定蒸腾蒸发量时间特征的气温所决定。

（3）采用通径分析法对模拟结果的枯、丰水期结果分析后发现：

1）枯水期。密歇根州西南部地区平均气温与降雨强度独立影响地下水补给强度，平均温度升高1℃，地下水补给强度将下降0.7548cm/a，降雨强度每增加1cm/a，枯水期地下水补给强度将增加0.1493cm/a；东南部地区存在通过平均气温间接影响的间接单向通径，平均温度每上升1℃，地下水补给强度将下降0.507cm/a，降雨强度增长1cm/a，地下水补给强度只上升0.0428cm/a；北部地区存在通过平均气温影响的间接单向通径，平均温度每上升1℃，地下水补给强度将下降0.973cm/a，降雨强度增长1cm/a，地下水补给强度只上升0.0720cm/a。

因此，枯水期平均气温和降雨强度变化对地下水补给强度的影响大小依次是：北部＞西南部＞东南部；西南部＞北部＞东南部。

2）丰水期。密歇根州西南部地区和东南部地区丰水期内，平均气温、最高气温和降雨3个变量构成9条通径共同影响地下水补给强度。西南部地区平均气温和最高气温每上升1℃，地下水补给强度将分别减少0.450cm/a和0.843cm/a，降雨强度每增加1cm/a，地下水补给强度将增加0.128cm/a；东南部地区平均气温和最高气温每上升1℃，地下水补给强度将分别减少0.689cm/a和1.546cm/a，降雨强度每增加1cm/a，地下水补给强度也将减少0.185cm/a；北部地区，气温和降雨强度与地下水补给强度间的相关性小于0.2，地下水补给强度受气温和降雨强度的变化影响小。

因此，丰水期平均气温、最高气温和降雨对地下水补给强度影响大小依次都是：东南部＞西南部＞北部。

参 考 文 献

[217]　Thomas J. B., Mark D. C., Francoise M. V., et al. Regional Precipitation mercury trends in the eastern USA, 1998-2005: Declines in the Northeast and Midwest no trend in the Southeast [J]. Atmospheric Environment, 2008, 42 (7): 1582-1592.

[218]　Martha C. A., John M. N., John R. M., et al. A climatological study of evapotranspiration and moisture stress across the continental United States based on thermal remote sensing: 2. Surface moisture climatology [J]. Journal of Geophysical Research, 2007, 112 (11): 2156-2202.

[219]　Zhang, L., Dawes, W. R., Walker, G. R. Response of mean annual evapotranspiration to vegetation changes at catchment scale [J]. Water Resources Research, 2001, 37 (3): 701-708.

[220]　Ricardo, V., Antonio, L., Jose, A., et al. Large-Scale Temperature changes Across the Southern Andes: 20th Century Variations in the Context of the Past 400 Years [J]. Climate Variability and Change in High Elevation Regions: Past, Present & Future Advances in Global Change Research, 2003, 15 (1): 177-232.

第7章 总 结

地下水补给在地下水流场、地下水溶质运移及水资源的优化配置等研究领域具有重要意义。本书从 USGS、USDA、NCDC 等数据库提取、处理有用信息，开展基于物理过程的地下水补给强度研究。首先收集、处理、储存可获得数据资源的有效数据，为建立模型提供前期准备；然后基于降雨的入渗过程，建立包括降雨、林冠截留、蒸腾蒸发、入渗等模块的入渗补给物理过程模型；其次，基于 USGS 提供的密歇根州地下水多年平均补给强度和衰退曲线位移法估算的 Grand River 流域地下水多年月平均补给强度从不同时间尺度对模型参数进行校正，并使用 Grand River 流域的水位验证模型结果；最后，多尺度分析密歇根州地下水补给；不同气候情景对地下水补给量的影响分析。

本书主要取得了以下创新性成果：

(1)"入渗补给物理过程模型"将林冠截留、积雪融雪、入渗、径流、蒸腾蒸发及补给等方面的研究成果集成为一个多功能模块，为研究地下水补给强度提供一个强大的工具支持。

(2)大数据处理、储存与管理以及数据驱动也是本书一个创新点。通过远程桌面连接在实验室服务器终端建立模型后，根据建立模型的边界及参数需求信息，从终端数据库动态读取参数信息并赋值给模型。初次将数据驱动模型及数据库关联并应用于地下水补给强度的研究。

(3)采用第三方（USGS）数据和第三种方法（衰退曲线位移法）在不同流域尺度和月时间尺度对入渗补给物理过程模型进行参数率定。基于第三方数据的参数校正过程中，采用地下水多年平均补给强度在多空间尺度下进行比较，并用非饱和带的厚度修正入渗补给物理过程模型；使用衰退曲线位移法计算的 Grand River 流域的地下水补给强度，校正入渗补给物理过程在月时间尺度的参数。该部分初次将美国密歇根州下半岛地下水多年平均水位用于验证入渗补给物理过程模型模拟结果。

(4)基于美国密歇根州 43 年气象资料，外推未来 30 年的气温与降雨量，模拟美国密歇根州下半岛 70 年的地下水补给强度，并分析其变化的原因。该部分首次将所建立的模型及率定的参数运用至研究全球变暖情况下的地下水补给变化。

本书将学者提出的降雨、植被截留、蒸腾蒸发、地表径流、入渗补给等模型耦合后构建综合水平衡模型。该模型为系统研究"大气降雨-地表径流-地下补给"提供一种新的方法理论。同时，也可以为流域尺度地表水、地下水资源相关研究提供支撑。